Franz Miklosich

Altslovenische Formenlehre in Paradigmen mit Texten aus glagolitischen Quellen

Franz Miklosich

Altslovenische Formenlehre in Paradigmen mit Texten aus glagolitischen Quellen

ISBN/EAN: 9783743494794

Hergestellt in Europa, USA, Kanada, Australien, Japan

Cover: Foto ©berggeist007 / pixelio.de

Weitere Bücher finden Sie auf **www.hansebooks.com**

ALTSLOVENISCHE

ENLEHRE IN PARADIGMEN

MIT

ITEN AUS GLAGOLITISCHEN QUELLEN

VON

FRANZ MIKLOSICH

WIEN 1874

WILHELM BRAUMÜLLER

K. K. HOF- UND UNIVERSITÄTSBUCHHÄNDLER.

Bei

Wilhelm Braumüller, k. k. Hof- und Universitätsbuchhändler in Wien

sind zu haben:

Vergleichende Grammatik der slavischen Sprachen. I. Band. Lautlehre. Gekrönte Preisschrift. 1852. (Vergriffen.) II. Band. Stammbildungslehre. (In Vorbereitung.) III. Band. Formenlehre. Gekrönte Preisschrift. 1856. (Vergriffen.) IV. Band. Syntax. 1868—1874. 896 und XII Seiten. Preis: 10 Thlr.

Der erste und dritte Band werden in neuen Auflagen erscheinen.

Lexicon palaeoslovenico-graeco-latinum emendatum auctum. 1862—1865. 1171 Seiten. Preis: 9 Thlr.

Monumenta serbica spectantia historiam Serbiae Bosnae Ragusii. 1858. 580 Seiten. Preis: 3 Thlr. 26 Ngr.

Das Buch enthält an 500 Urkunden in serbischer Sprache von 1189 bis 1618 mit Regesten in lateinischer Sprache.

Apostolus e codice monasterii šišatovacensis. Mit Facsimile. 1853. Preis: 2 Thlr.

Das Denkmal bewahrt Eigenthümlichkeiten der pannonisch-slovenischen Übersetzung der liturgischen Bücher und ist dadurch für die slavische Philologie von Bedeutung.

Chronica Nestoris. vol. I. Textum russico-slovenicum continens. 1860. Preis: 2 Thlr.

Ein Versuch, den Text einer hochwichtigen Geschichtsquelle von den Verunstaltungen der Abschreiber zu reinigen und dadurch das Denkmal lesbar und verständlich zu machen.

Evangelium S. Matthaei. 1856. Preis: 1 Thlr.

Zur Einführung in das Studium des Altslovenischen.

Vita S. Methodii. Russico-slovenice et latine. 1870. Preis: 15 Ngr.

Slavische Bibliothek oder Beiträge zur slavischen Philologie und Geschichte. 2 Bände 1851, 1858. Preis: à 2 Thlr.

Kopitar, B., Kleinere Schriften. 1857. Preis: 1 Thlr.

Monumenta spectantia ad unionem ecclesiarum graecae et romanae edita ab A. Theiner et Fr. Miklosich. Cum tabula. 1872. Preis: 20 Ngr.

Druck von Adolf Holzhausen in Wien

ALTSLOVENISCHE

FORMENLEHRE IN PARADIGMEN

MIT

TEXTEN AUS GLAGOLITISCHEN QUELLEN

FRANZ MIKLOSICH

WIEN 1874

WILHELM BRAUMÜLLER

K. K. HOF- UND UNIVERSITÄTSBUCHHÄNDLER.

INHALT.

EINLEITUNG.

I. Die altslovenische sprache ist die sprache der pannonischen Slovenen um die mitte des neunten jahrhunderts. II. Beleuchtung der altslavischen und der bulgarischen hypothese. Differenz zwischen alt- und neuslovenisch. III. Die altslovenischen denkmäler zerfallen in pannonische und nicht-pannonische. IV. Aufzählung der pannonischen denkmäler glagolitischer und cyrillischer schrift. Allgemeine charakteristik der sprache der pannonischen denkmäler. V. Die nicht-pannonischen denkmäler zerfallen in bulgarische, serbische, chorvatische und russische. VI. Angabe der vorzüglichsten bulgarischen denkmäler. Allgemeine charakteristik dieser denkmäler. VII. Angabe einiger der wichtigsten serbischen denkmäler. Allgemeine charakteristik der sprache der serbischen denkmäler. VIII. Nachweisung chorvatischer denkmäler. Besonderheiten der sprache derselben. IX. Nachweisung russischer denkmäler. Unterscheidende merkmale der sprache der russischen denkmäler. X. Vostokovъ's einteilung der altslovenischen denkmäler. XI. Ansichten über die heimat der slavischen kirchensprache. XII. Abweichungen dieser darstellung der altslovenischen formenlehre von der hergebrachten. XIII. Bestimmung der lesestücke. XIV. Grundsätze bei der herausgabe altslovenischer denkmäler.

Die sprache, deren formenlehre den gegenstand der vorliegenden schrift bildet, ist nach meiner trotz aller einwendungen unerschüttert gebliebenen überzeugung die sprache der pannonischen Slovenen um die mitte des neunten jahrhunderts. Diese sprache ward in den nachfolgenden jahrhunderten die liturgische sprache der bulgarischen Slovenen, der Serben, Chorvaten und endlich der Russen. Der natur der sache gemäss wurde sie von jedem dieser völker seinem einheimischen idiom immer näher gebracht. In den quellen heisst sie slove-

nisch: ich habe sie, um missverständnissen vorzubeugen, altslovenisch genannt.

Unsere aufgabe geht dahin, aus den maassgebenden quellen
ein möglichst treues bild jener sprache zu entwerfen, die die
pannonischen Slovenen um die mitte des neunten jahrhunderts
redeten, nicht etwa mit eklektischer benützung der quellen eine
sprache zu gewinnen, deren formen, mit den formen jener
unter den verwandten sprachen, deren denkmäler in eine viel
ältere vergangenheit zurückreichen, übereinstimmend, sich in
bequemer weise zur erklärung des heutigen zustandes der slavischen sprachen verwerten lassen. Die aufgabe ist demnach
eine historische: sie setzt die beantwortung der frage voraus,
aus welchen quellen die von uns angestrebte kenntniss der
altslovenischen sprache geschöpft werden könne. Wer die älteren
denkmäler prüft, wird einige ohne mühe als bulgarisch erkennen,
z. b. den psalter von Bologna, andere als serbisch, z. b. das
evangelium von Nikolja, andere als chorvatisch, z. b. das missale
des knez Novak, andere werden sich endlich auf den ersten
blick als russisch, d. i. als bei dem russischen volke entstanden
darstellen, z. b. die homilien des Gregorius von Nazianz, das
ostromir'sche evangelium. Die wirkungen des einflusses des
einheimischen idioms jedes der genannten völker auf die ihm
fremde slovenische sprache in den bezeichneten denkmälern
sind so unverkennbar, dass über den ursprung dieser nicht
der leiseste zweifel aufkommen kann. Es gibt jedoch denkmäler, die keinem der genannten völker zugewiesen werden
können, weil an ihnen kein dazu berechtigendes merkmal wahr
genommen werden kann, z. b. das evangelium von Zographos,
der glagolita clozianus. Diese denkmäler können nur in Pannonien entstanden sein, und ich nenne sie daher pannonisch.
Der abgang der bezeichneten merkmale ist jedoch nicht der
einzige grund, auf den sich diese ansicht stützt. Wer die von
mir als pannonisch bezeichneten denkmäler mit den übrigen
texten vergleicht, wird leicht wahrnehmen, dass sich die letzteren von den ersteren dadurch unterscheiden, dass sie von
den altertümlichen formen jener immer mehr aufgeben, bis sie

schliesslich alle einbüssen. Wären jene formen den einzelnen
sprachen, der bulgarischen, serbischen, chorvatischen und russischen etwa im neunten, zehnten jahrhundert eigen gewesen,
ihnen daher nicht von aussen zugetragen worden, so wäre es
unbegreiflich, wie es geschehen konnte, dass selbst die ältesten
zweifellos einheimischen, das ist bei dem betreffenden volke
entstandenen und dessen sprache darstellenden denkmäler davon
so gar keine spur enthalten. Man prüfe die bekannten texte
etwa mit hinsicht auf den einfachen aorist oder auf den zusammengesetzten auf s, auf die personalendung der III. dual.
auf te oder auf die imperfectformen auf šeta, šete u. s. w.
Verbinden wir nun mit der unzweifelhaften tatsache, dass die
altslovenischen denkmäler in zwei gruppen zerfallen, von denen
wir die eine keinem bestimmten slavischen volke zuweisen
können, die ebenso unzweifelhafte tatsache, dass um die mitte
des neunten jahrhunderts in Pannonien und nur in Pannonien
eine kirchliche litteratur in slavischer sprache begründet wurde,
so werden wir nicht umhin können, jene keinem bestimmten
slavischen volke zugewiesenen denkmäler für pannonisch zu
erklären, und wir werden in der annahme von dem pannonischen
ursprunge jener denkmäler durch die wahrnehmung bestärkt
werden, dass jene annahme mit unbestrittenen tatsachen in
vollem einklange steht. Diese pannonischen denkmäler sind
der einzig mögliche ausgangspunkt bei dem studium der nicht-
pannonischen denkmäler, diese können nur von demjenigen
begriffen werden, der jene als ihre quelle anerkennt.

Wenn ich den ausdruck: pannonisch gebrauche, so muss
ich bemerken, dass ich anerkenne, dass der ausdruck, um der
sache vollkommen zu entsprechen, auch Mähren in sich begreifen sollte. Ich bin nämlich jetzt der ansicht, dass der slovenische volksstamm nicht nur auf dem rechten, sondern auch
auf dem linken ufer der Donau wohnte, freilich ohne über
den umfang seiner wohnsitze im norden der Donau auch nur
eine vermutung aussprechen zu können. Zu den gründen, mit
welchen E. Dümmler in seiner abhandlung über die pannonische
legende seite 25 diese ansicht verteidigt hat, möchte ich den

namen Zwentibald, beim griechischen biographen des bischofs
Klemens σφεντόπληκτος, im briefe des papstes Joannes VIII. von
880 sfentopulchus hinzufügen, der das altslovenische svętъ, nicht
irgend einen čechischen reflex dieses wortes voraussetzt, ein
grund, der allerdings nur von denjenigen wird acceptiert werden,
die da der ansicht sind, dass die slavischen dialekte eben so
alt sind wie die deutschen. Dabei wird vorausgesetzt, das
germanisierte Zwentibald entspreche dem namen, mit dem sein
eigenes volk diesen fürsten nannte. Ich möchte ferner auf den
namen der sprache der Slovaken: slovenský jazyk hinweisen,
was wieder als grund für die angeführte ansicht nur jene
gelten zu lassen geneigt sein werden, die mit mir der überzeugung sind, dass der name: slověne ursprünglich der name
eines einzelnen slavischen stammes, nicht des ganzen slavischen
volkes war.

II. Dieser theorie werden zwei ansichten entgegengestellt:
nach der einen ist die altslovenische sprache die mutter aller
lebenden slavischen sprachen; nach der anderen ist die sprache,
die ich altslovenisch nenne, jene sprache, welche die bulgarischen Slovenen etwa im neunten jahrhundert redeten. Die
erstere ansicht wird jetzt ausdrücklich wol selten verteidigt,
desto häufiger stillschweigend vorausgesetzt. P. J. Šafařík hat
in seinen vor mehr als vierzig jahren erschienenen serbischen
lesekörnern „das vorhandensein des serbischen dialektes in der
an das jahrhundert des Cyrillus und Methodius zunächst
gränzenden zeitperiode aus authentischen quellen und durch
bündige schlüsse nachgewiesen:" derselbe beweis lässt sich für
das bulgarische, chorvatische und russische eben so gut, nur
bei viel reichlicher fliessenden quellen unserer sprachkenntniss
heutzutage leichter führen als im jahre 1833, wo Šafařík
schrieb. Weit mehr anhänger als die altslavische, zählt die
bulgarische hypothese. Diese ist seit einigen jahren so allgemein
angenommen, dass ich meines wissens unter den lebenden
slavisten mit meinem proteste dagegen allein stehe. Indem ich
mir eine ausführliche widerlegung dieser ansicht für die nächste

zukunft vorbehalte, bemerke ich hier nur folgendes: die frage
wird als eine rein sprachwissenschaftliche angesehen, was sie
nicht ist. Oder würden wol die anwälte der bulgarischen
hypothese ihrer zunächst auf dem št aufgebauten, von keinem
historiker angenommenen theorie so zuversichtlich vertrauen,
wenn sie bedächten, dass es nicht ein einziges historisches
zeugniss für irgend welchen kirchlichen gebrauch des slavischen
in Bulgarien im neunten jahrhundert gibt, — und damit beginnt
jegliches schriftentum aller neueren völker — während wir
hinsichtlich Pannoniens mehr als ein ebenso unverwerfliches
als unzweideutiges zeugniss dafür besitzen? Die behauptung,
die geschichte der bulgarischen kirche beginne um das jahr 852
mit der erfindung des slavischen alphabets durch den heiligen
Cyrillus und der von ihm veranstalteten übersetzung liturgischer
schriften in die mundart der macedonischen Slaven oder in die
südliche mundart des bulgarischen, muss so lange als unbe-
gründet zurückgewiesen werden, als sie sich nicht auf bessere
zeugnisse stützt als die von A. Gilferding aufgefundene legende,
die mit den gleichzeitigen zeugnissen in unlösbaren widerspruch
tritt: die wirksamkeit Cyrill's unter den Slaven Bulgariens ist
nicht besser bezeugt als die des apostels Andreas bei den
Russen: alle völker sind bestrebt, ihre christianisierung mit
berühmten namen in zusammenhang zu bringen. Der Russe
E. Golubinskij sieht es als unzweifelhaft an, dass an der
bekehrung der Bulgaren zum christentum Cyrillus und Methodius weder beide zugleich noch einer von ihnen für sich teil
genommen haben. Dass die griechische kirche dem liturgischen
gebrauche der slavischen sprache weniger abhold gewesen sei
als die römische oder denselben gar begünstigt habe, ist eine ganz
unbegründete voraussetzung. Ein politischer gedanke war es, dem
das altslovenische schriftentum sein dasein verdankt. Die politische
unabhängigkeit des grossmährischen reiches sollte durch die
kirchliche trennung angebahnt und diese durch die slavische
kirchensprache befestigt werden. Zur vollständigen unabhängigkeit vom ostfränkischen reiche, nach der Rastislav mit aller
anstrengung trachtete, taugte es, meint E. Dümmler, nicht,

wenn der bischof von Passau, ein getreuer diener Ludwigs des deutschen, als kirchliches oberhaupt des landes anerkannt ward. Dieser folgenreiche politische gedanke entstand im kopfe Rastislavs, nicht in dem irgend eines slovenischen, noch weniger eines bulgarischen häuptlings in Bulgarien. Was die sprachlichen gründe der bulgarischen hypothese anbelangt, so ist zwar richtig, dass das altslovenische mit einem dialekte des bulgarischen hinsichtlich des št, žd übereinstimmt, während das karantanische slovenisch dafür meist č und j bietet; allein woher weiss man denn, dass die pannonischen Slovenen č und nicht št, j und nicht žd gesprochen haben? für das št und žd in der mundart der pannonischen Slovenen spricht das magyarische mostoha (d. i. moštoha), pest (d. i. pešt) und palast (d. i. palašt) für das altslovenische mašteha, peštъ und plaštъ; rozsda (d. i. rožda) für das altslovenische rъžda. Das vorhandensein nasaler silben für die nasalen vocale des altslovenischen in den ältesten slavischen lehnwörtern des magyarischen wie korong krągъ, munka mąka und péntek pętъkъ, rend rędъ trennt jene sprache, aus der diese wörter entlehnt sind, von der bulgarischen. Man beachte ausserdem folgendes: dass die bulgarische sprache sich gegenwärtig von der altslovenischen im ganzen mehr entfernt als irgend eine von den slavischen sprachen derselben ordnung, bedarf keines beweises. Man wird wahrscheinlich dagegen bemerken, diese entartung sei erst in den letzten jahrhunderten eingetreten. Allein die sprache der vor einem halben jahrtausend, um das jahr 1350, unter dem einflusse des altslovenischen aufgezeichneten erzählung vom trojanischen kriege ist bereits bulgarisch, und zwar, wie die gegner sagen würden, neubulgarisch. In demselben stadium lautlicher entartung befindet sich das evangelium von Trnov aus dem jahre 1273. Und gilt nicht dasselbe vom psalter von Bologna aus den jahren 1186—1196? Ein bulgarisch, das mit dem altslovenischen übereinstimmte, weicht wie eine fata morgana vor uns zurück, wir mögen es noch so weit in die vergangenheit verfolgen. Jagen wir also diesem phantome nicht weiter nach, stimmen wir vielmehr dem satze bei, dass die slavischen

sprachen schon in uralter zeit, gewiss schon vor dem neunten
jahrhundert, geschieden waren wie heutzutage, dass demnach
schon im neunten jahrhundert bulgarisch und altslovenisch
verschiedene sprachen waren. Daher kömmt es, dass selbst
die anhänger der bulgarischen hypothese ihr altbulgarisch,
eine sprache, die etwa am Vardar gesprochen wurde, nicht
aus dem in der nähe von Ochrida geschriebenen psalter von
Bologna, sondern aus dem ostromir'schen evangelium lernen,
das im fernen norden, am Volchov, entstand. Šafařík selbst
wollte der das serbische betreffenden abhandlung mehrere
andere folgen lassen, von denen eine das neubulgarische be-
handeln und wol kaum etwas anderes dartun sollte, als dass
auch das ‚neubulgarische‘ mit seinen dialektischen eigentümlichkeiten bis auf die zeit der slavenapostel reicht, dass es
‚alle die wesentlichen kennzeichen der selbständigkeit und des
unterschiedes von dem altkirchenslavischen besass, die es heutzutage auszeichnen‘, dass es demnach nicht altslovenisch war.
Im jahre 1835 sprach sich Šafařík allerdings über diese frage
anders aus: ‚Ich war, sagt er, und bin immer der meinung,
dass sich das jetzige oder neubulgarische erst seit dem schreck-
lichen verfall des bulgarischen reichs, nach 1019, anfieng zu
bilden, und erst viel später, vollends seit der türkischen in-
vasion, ausgebildet hat. Bei mir war altbulgarisch und cyrillisch stets identisch.‘ Also die Griechen des eilften jahrhunderts
haben es verschuldet, dass der Bulgare etwa die declination
aufgab; die Türken des vierzehnten jahrhunderts brachten der
sprache noch mehr wunden bei. Die Serben declinieren trotz
griechen- und türkennot noch heute. Wahrlich, um die sache muss
es schlecht stehen, die selbst Šafařík nicht besser zu stützen vermag. Was vom bulgarischen, gilt auch vom neuslovenischen.
Auch dieses wandelt nicht erst seit gestern seine eigenen wege,
ist daher vom pannonischen slovenisch zu trennen, obgleich
niemand, der die sache ohne voreingenommenheit prüft, läugnen
wird, dass die sogenannten freisinger denkmäler den pannonischen texten näher stehen als irgend ein anderes denkmal
der slavischen sprache, das nicht aus einem pannonischen texte

floss. Überrascht rief Dobrovský 1824 bei besprechung dieser
denkmäler aus: „Also auch damals (im zehnten oder eilften
jahrhundert) schon gab es dialekte der slavischen sprache!“
Die annahme, dass noch im neunten jahrhundert die slavischen
völker eine einzige sprache redeten, hat viel verwirrung an-
gerichtet.

Dass schon in jener frühen zeit pannonisch (alt-) und
karantanisch (neu-)slovenisch sich unterschieden, haben wir
hier kurz nachzuweisen. Die die lautlehre betreffenden verschiedenheiten zwischen dem alt- und neuslovenischen beziehen
sich auf die laute ą, ę, y, ě, št und zd: das als älter bezeichnete stammt aus den freisinger denkmälern. ą wird jetzt durch
o, ehedem wurde es durch on, un, u, o wiedergegeben: malomogoncka malomogąšta: poronso porača; sunt satъ: boido poidą
aor.: dusu dušą. ę ist jetzt und war ehedem e, selten en:
je, ję, vuensih, (noch jetzt bei den venetianischen Slovenen
venči), vęštъšihъ. y jetzt stets i, lautete einst auch ui, u und
i: siuuim živymъ, mui my: buiti, bui byti, by neben beusi
byvъši und biti byti, imugi imy habens, muzlite myslite. Wenn
vueki, vueki věky, grechi gréhy, crovvi krovy, obeti obéty,
roti roty, szlauui slavy neben greche gréhy, gresnike grěšьniky
und zlodeine zlodějny vorkömmt, so liegt beiderlei formen
ein ursprüngliches ą zu grunde, welches nach harten consonanten in ę und y übergieng, analog dem part. praes. act.
gredę, gredy aus gredą: heutzutage sind die formen des plur. acc.
m. der substantiva auf a (ъ) mit dem auslaut i für y selten: gradi.
Vergl. gramm. 1. seite 181. ě ist gegenwärtig in betonter silbe
é, sonst e: in den freisinger denkmälern wird e geschrieben:
detd dédъ; nur mozim macht eine ausnahme, da ich es als
mozémъ auffasse: mosim ztoriti faciamus. šta aus tja lautet heutzutage ča, ehedem ward št meist durch k ersetzt: ze zavuekati
renunciare sę zavěštati, imoki imąšti, lepocam lěpoštamъ, uze-
mogoki vъsemogąšti, malomogoncka malomogąšta, moki mošti,
pomoki pomošti, choku, chocu hošta. Dunkel ist vuuraken: bei
vъcę, veče wird an ašte gedacht, wol mit recht. Daneben
este ješče und postedisi poščędiši. Wie zavuekati im X. XI.

jahrhundert gesprochen wurde, ist zweifelhaft. Dass k wie
serbisch ć, das an denselben stellen steht, gelautet habe, ist
nicht unmöglich, da sich aus diesem laute unschwer die deutschen
ortsnamen Kärntens Faak aus blače, asl. *blašte, Peckau aus
pečane, asl. peštane erklären lassen. Vergl. meine abhandlung
über die slavischen ortsnamen aus appellativen I. seite 34.
Dem žd steht j gegenüber: tomuge d. i. tomuje tomužde. Die
erklärung des k, kj für asl. št liegt darin, dass tja und kja
schwer unterschieden werden können und daher der eine laut
leicht mit dem andern verwechselt wird. Dasselbe verhältniss
findet statt zwischen dja und gja, welches letztere in ja übergeht. k, kj für asl. št war gewiss auch im X. und XI. jahrhundert nur dialektisch. etwa kärntnisch. Heutzutage besteht
diese aussprache wol nirgends, indem aus tja sich tža und
daraus tša, ča entwickelt. Im asl. und im bulg. gehen tja und
dja in tža, dža und diese in žta, šta und žda über: in der sprache
der macedonischen Bulgaren finden wir neben št auch k d. i. kj:
kerka filia. vrukjo (вrukьо) sьnce calidus sol. kralevikja,
kralevike. svekja cereus. domakinko hera (asl. * domaštь).
fakjaš prehendis. pozlakeni inauratus. gledacki (asl. gledajašti)
spectans. meteeki (asl. metašti) verrens. placeeki (asl. plačašti)
plorans neben dašterka. dešterka. šterka. gledaešti. meteešti.
placeešti. Man merke eveke aus evetje asl. evétije. Wir finden
ferners vegi (asl. vêžda) supercilia, eig. palpebrae. gjavolština
aus djavolština. livagje aus livadje. Die übrigen Bulgaren,
deren sprache dem asl. ferner stehen soll, haben nur dъšterê.
sveštь. faštam. veždь u. s. w. Auf den zusammenhang dieser
laute mit den analogen erscheinungen anderer slavischen sprachen
brauche ich hier nicht einzugehen; ich will jedoch bemerken,
dass este und postediši wol den laut šč, nicht št haben. In der declination mag der sing. instr. der ā-stämme erwähnt werden, der
auf o (ѫ), jetzt im westen auf o, im osten auf oj aus ojѫ auslautet: vuolu voljѫ, nevuolu nevoljѫ. vueruu vêrѫ. pravdno
pravьdnѫ. Das suffix des sing. gen. m. und n. der pronomi-
nalen declination war ehedem go und ga: nzego, uzega: iego,
iega: dass ga auch im asl. vorkömmt, ist bekannt sup. seite XI.

Die pronominale und die zusammengesetzte declination waren
ehedem streng geschieden, was gegenwärtig nicht der fall ist.
daher inoga. mnogoga, tacoga. jetzt meist mnogega. takega;
uzaconu. jetzt meist vsakemu. In zusammengesetzten casus
tritt das adj. im sing. gen. und dat m. n. in der thematischen,
nicht im entsprechenden casus der nominalen form auf: diniz-
nego dъnьsьnjaago. nepraudnega nepravъdъnaago. vuirchnemo
vrъhnjnumu. uzemogokemu vъsemogąštumu. zuetemu svętuumu:
e ist oje, wie me moje, mega mojega, memu mojemu und
vnecsne věčьnoje. Nach demselben princip verfährt die heutige
sprache der Bulgaren, wol auch die frühere. Vergl. meine
abhandlung über die zusammengesetzte declination. Sitzungs-
berichte LXVIII. seite 133. Hinsichtlich der conjugation bemerke man, dass die I. sing. praes. der classe V. 1. auf am
statt auf ają auslautet: clanam klanjają. prestopam prěstąpają.
Eben so bulg. Die II. sing. praes. wirft i heutzutage ab, was
auch ehedem meist geschah: zadenes zaděněši. vzuoves vъzovеši.
prides prideši neben postedisi pošędiši. Den imperat. glagoljate
kennt die alte sprache nicht: glagolite. Der der heutigen
sprache unbekannte aor. bim, bi findet sich in den freisinger
denkmälern. Über die verschiedenheit des alt- und des bulgarisch-
slovenischen wird bei der charakterisierung der bulgarischen
denkmäler mehreres beigebracht werden.

Hinsichtlich des namens ist zu bemerken, dass auch der-
jenige, der die heimat der slavischen kirchensprache in Bulgarien
gefunden zu haben meint, der benennung slovenisch zustimmen
sollte, denn immer wurde diese sprache slovenisch genannt:
Papst Joannes VIII. spricht 880 von litterae sclaviniscae: nie
hiess sie bulgarisch: sie ward slovenisch genannt nach dem volke.
das sie redete: denn auch die bulgarischen Slaven gehören. wie
die dacischen [1], deren letzter rest sich in der jüngsten zeit

---

[1] Ich bemerke, dass ich nach ernenerter prüfung nicht der ansicht
bin, es seien diese Slaven, die sich selbst nicht Bulgaren nannten, vom rechten
auf das linke ufer der Donau eingewandert, dass ich sie vielmehr für autoch-
thonen des landes halte. Eines ist unzweifelhaft, nämlich, das sie von den,
wie historisch erwiesen ist, in späterer zeit eingewanderten augrischen Bul-

unter den Rumunen Siebenbürgens verloren hat, so wie pannonischen und karantanischen dem slovenischen stamme an.
Sie sind alle nachkommen jenes slavischen volkes, das Jornandes und Prokopius unter dem namen Sclaveni und Σκλαβηνοί
kennen und dessen name von Griechen und Römern und endlich von den Slaven selbst auf alle Slavenvölker übertragen
worden ist.[1] Man würde durch den gebrauch des historisch
einzig berechtigten namens dem offenbaren widerspruch ent-
gehen, der darin liegt, dass zur bezeichnung einer slavischen
sprache der name der hunnischen Bulgaren dienen muss: denn
die Bulgaren sind nach der ansicht von K. Zeuss „die nach
osten an den Pontus und die Maeotis zurückgewichenen Hun-
nen.' Pridoša otъ skuthъ, rekъše otъ kozarъ rekomii bolgare,
sagt Nestor. Doch man zieht es vor, einen unläugbar falschen
namen zu gebrauchen, weil der rechte möglicherweise mit
einer, im allerschlimmsten falle, halbwahren theorie in zusammenhang gebracht werden könnte.

Wer slovenisch sagt, stellt, so meint man, damit eine
theorie auf.

Šafařík, der in verschiedenen perioden seiner der erforschung des slavischen altertums geweihten litterarischen
tätigkeit hinsichtlich der heimat der kirchensprache verschiedenen ansichten huldigte und zur verbreitung der bulgarischen
hypothese wesentlich beitrug, bekennt am schlusse seines lebens,
er hätte jene heimat vorzüglich aus dem grunde vergeblich
gesucht, weil er ein allzugrosses gewicht auf die heimatsprache
der ersten grossen lehrer und ihrer aus Constantinopel mit-
genommenen gehilfen gelegt und sich in Macedonien wie in
einer sackgasse verrannt hätte, auch beschränkterweise vorzüglich von den gekürzten einfachen aoristen weiter vordringen
wollte, statt alle merkmale beisammen fest zu halten. Durch

garen ganz und gar verschieden sind. Vergl. des verfassers abhandlung: Die
sprache der Bulgaren in Siebenbürgen. Denkschriften der kais. akademie der
wissenschaften. Philos.-histor. classe. VII. seite 105—1467.

[1] Manche bringen den namen slovenisch mit dem macedonischen
Σκλαβηνία, K. Zeuss 628, in zusammenhang.

genaue prüfung des altslovenischen sprachschatzes und der
form der aus der slavischen, d. i. grösstenteils aus der sprache
der pannonischen Slovenen in das magyarische aufgenommenen
wörter gelangt Šafařík zur überzeugung, wir seien hiebei um
so mehr an Grossmähren und ganz besonders an Pannonien
gewiesen, als es historisch feststehe, dass sich zuerst Cyrillus
vor seiner reise nach Rom hier, in dem gebiete Kocel's auf-
hielt und gegen fünfzig schüler im slavischen unterrichtete,
hierauf aber Methodius zu zwei verschiedenen malen hier lebte
und lehrte. Šafařík weicht aus der sackgasse zurück und be-
tritt den ihm von der ersten periode seiner litterarischen wirksamkeit her bekannten boden, den boden Pannoniens, auf den
ihn geschichte wie sprache wiesen. Wenn nun auch Šafařík
der bulgarischen hypothese schliesslich entschieden entgegen-
tritt, so glaubt er doch den Bulgaren nicht ganz den abschied
geben zu sollen, indem er zwar an einer stelle sagt, Cyrillus
habe die eigentliche arbeit der übersetzung erst in Mähren
und Pannonien, wahrscheinlich mit hilfe einheimischer arbeits-
genossen ausgeführt, an einer anderen stelle jedoch den beiden
brüdern Bulgaren an die seite stellt. Dass den slavenaposteln
bei ihrem werke gehilfen beistanden, bedarf keines beweises,
und wer die zahlreichen, im laufe der zeit immer mehr schwinden-
den spuren des deutschen, speciell des althochdeutschen, in
der altslovenischen litteratur erkennt, wird zuerst an gehilfen
denken, die von deutschen glaubensboten zum christentum
bekehrt waren. Warum Šafařík Bulgaren herbeizieht, ist nicht
abzusehen: vielleicht, weil die altslovenischen schriften offenbar
aus dem griechischen übersetzt sind: allein um γέννα durch
rodhstvo, rozdhstvo d. i. γενεά, ἄρα luc. 18. 8. durch ara, πρὸς τὸν
ἐαυτὰ durch kъ diné, θήρα durch vъdovica d. i. χήρα, ἠδυνήθησαν
durch vъzmoga d. i. ἠδυνήθησαν u. s. w. zu übersetzen, übersetzungen, welche, nebenbei bemerkt, nur von gehilfen der beiden brüder
herrühren können, dazu konnten auch die pannonischen Slovenen
abgerichtet werden. Als die schüler des Methodius nach dem
tode ihres meisters, 885, als flüchtlinge nach Bulgarien kommen,
wird von dem griechischen biographen des bischofs von Velica,

Klemens, † 916, viel überflüssiges geredet, allein weder seine noch seiner gefährten bulgarische nationalität erwähnt, was der biograph nach der tendenz seiner schrift gewiss bemerkt hätte, wenn die flüchtlinge Bulgaren gewesen wären: ich halte sie für pannonische Slovenen.

III. Da die sprache der pannonischen Slovenen das ziel meiner forschung ist, so ist es notwendig, den wert der von einander so sehr abweichenden altslovenischen denkmäler für diesen zweck fest zu stellen. Diese denkmäler zerfallen, wie oben angedeutet wurde, in zwei gruppen: die pannonischen und die nicht-pannonischen. Jene stellen die sprache der pannonischen Slovenen dar; diese bieten uns jene form dieser sprache, die ihr von jenen slavischen völkern gegeben wurde, welche die aus Pannonien stammende kirchliche litteratur annahmen.

IV. Die pannonischen denkmäler zerfallen nach dem alphabete, in dem sie geschrieben sind, in glagolitische und in cyrillische, ein unterschied, der nicht nur die schrift, sondern auch das alter trifft, indem einige der glagolitischen quellen zu den allerältesten denkmälern der altslovenischen, ja der slavischen sprache überhaupt gehören. Die leider weder zahlreichen noch umfangreichen pannonischen denkmäler sollen hier vollständig aufgezählt werden.

Glagolitisch. 1. Das evangelium aus dem kloster Zographos auf dem berge Athos, 304 blätter, von denen 17 (41—57) jüngeren ursprungs, jetzt in der öffentlichen Bibliothek in Petersburg. Proben in J. J. Sreznevskij. Drevnie glagoličeskie pamjatniki. Sanktpeterburg. 1866. seite 115—157. Dem verfasser wurden von herrn Prof. Jagić die von ihm gemachten auszüge zur benützung überlassen.

2. Der glagolita clozianus, homilien griechischer kirchenväter enthaltend, zwölf blätter in Trient, zwei in Innsbruck, jene herausgegeben von B. Kopitar. Wien. 1836, diese vom verfasser in den denkschriften der kais. akademie X. 195—214, beide von herrn Sreznevskij seite 163—220.

3. Das evangelium aus dem skitꙏ der heiligen jungfrau Maria auf dem berge Athos, Mariencodex, von Sreznevskij Athosevangelium genannt, 171 blätter, im besitze des herrn V. J. Grigorovič in Odessa, zwei blätter, ehedem eigentum von A. von Mihanović, jetzt des verfassers. Proben bei Sreznevskij seite 91—115. 157—162.

4. Das evangelium Assemani's, 159 blätter, jetzt in der vaticanischen bibliothek in Rom, herausgegeben von F. Rački. Agram. 1865; einzelnes bei Sreznevskij 57—74. Der verfasser benützte ausserdem B. Kopitar's auszüge.

5. Das evangelium von Ochrida, zwei blätter, jetzt im besitze des herrn Grigorovič, herausgegeben von herrn Sreznevskij seite 74—87.

6. Das macedonische blatt, eine homilie Ephraem's und anderes enthaltend, jetzt im besitze des herrn Grigorovič, herausgegeben von herrn Sreznevskij seite 220—234.

7. Die liturgie vom Sinai, drei blätter, jetzt im privatbesitze in Petersburg, herausgegeben von herrn Sreznevskij seite 243—257.

Das abecenarium bulgaricum, das bei Sreznevskij seite 235—242 abgedruckte fragment, das noch nicht vollständig entzifferte palimpsest von Bojana, einer stadt bei Sofia (Srêdьсь), in welchem marc. 7. 31—37 gelesen wurde, so wie das aus zwei blättern bestehende, das herr C. von Tischendorf vom berge Sinai mitgebracht, sollen hier nur als vorhanden erwähnt werden.

Cyrillisch. 1. Das Sava-evangelium, Savina kniga, 129 blätter, in der typographischen bibliothek in Petersburg, herausgegeben von herrn J. J. Sreznevskij Drevnie slavjanskie pamjatniki jusovago pisьma. Sanktpeterburg. 1868, seite 1—154.

2. Der codex suprasliensis, 185 blätter, von denen 118 in der k. k. studienbibliothek zu Laibach, das übrige zum grössten teile in der bibliothek des herrn grafen Zamojski in Warschau, 24 heiligen-legenden und 22 homilien griechischer kirchenväter enthaltend, aus dem XI. vielleicht sogar X. jahrhundert, herausgegeben von dem verfasser. Wien 1851; ein-

zelnes bei Sreznevskij seite 174—186. 225—240. Warum der
codex irgendwo zwischen der Theiss, der Donau und dem
Dniester in einem ausschliesslich oder grösstentheils von Rumä-
nen bewohnten gebiete soll geschrieben worden sein, vermag
ich nicht zu erraten.

3. Die catecheses des Cyrillus von Jerusalem, zwei blätter,
herausgegeben von dem besitzer herrn Grigorović in Izvéstija
imp. akademii naukъ I. seite 89—96, auch abgedruckt bei
Sreznevskij 187—191.

4. Evangelium von V. M. Undolskij, zwei blätter, jetzt
im Moskauer museum, herausgegeben von Sreznevskij seite
194—196.

5. Psalter von Sluck. Probe bei Sreznevskij seite 155—165.

6. Evangelium von Novgorod, zwei blätter, herausgegeben
von Sreznevskij seite 166—173.

7. Das macedonische blatt, enthaltend einen teil des
prologs von Ioannъ dem exarchen von Bulgarien, herausgegeben
von Sreznevskij seite 192—193.

Es ist behauptet worden, die verwechslung der nasalen
vocale finde auch in den von mir als pannonisch bezeichneten
denkmälern statt, und hat namentlich auf den glagolita clozianus hingewiesen. Da dieser punkt für die von mir vertretene
ansicht über die unterschiede der altslovenischen denkmäler
wichtig ist, indem sich nach derselben die pannonischen quellen
von den bulgarischen vor allem durch den richtigen gebrauch
der beiden nasalen vocale ѧ und ѫ, obgleich nicht dadurch
allein, unterscheiden, so muss ich denselben hier besprechen.
Man beruft sich auf folgende stellen: cloz 1. 200. prijąti: dies
ist wol ein druckfehler, wenigstens bietet die columne links
das richtige prijęti. 209. mъdlostuję: hier gilt das eben gesagte,
links steht mъdlostują. 283. zakonnyja: auch hiefür steht links
zakonnyje. 533. dušą τὰς ψυχάς: hier steht allerdings auch links
dušą. 656. nądątъ: dafür bietet die photographie das richtige
nądetъ. 746. ętrobu: links und in der note ątrobu für ątroba.
762. plъtuję: links plъtują. 877. glę glagolę: hier steht allerdings auch links glę λέγω. Was im original steht, ist mir un-

bekannt. 953. noštąję wird ausdrücklich als druckfehler für noštąją bezeichnet. cloz II. d. 1. 2. bietet die photographie nedąžьnyję und prokazenyję. koją viny c. 37. ist wegen des folgenden mala, veliką als sing. acc. zu fassen, der kają viną lautet, wobei in koją wie sonst o für ą steht, in viny jedoch ą durch y ersetzt wird. Die abweichungen sind demnach sehr wenig zahlreich, teilweise unsicher und nicht geeignet, die aufgestellte regel umzustossen und diess um so weniger, als der unterschied zwischen je und ą in der glagolitischen schrift ein minimaler ist. Dass die ursprüngliche form des plur. acc. masc. und fem. von jь nicht je, sondern ją ist, wie die part. praes. act. plety, pletąšta: piję, pijąšta dartun, die ein ursprüngliches pletą, piją voraussetzen, will ich hier nicht urgieren, und nur bemerken, dass ein plur. acc. m. f. prokaženyją, wobei ją für je stünde, den verfechtern der bulgarischen hypothese nicht günstig wäre, die vielmehr nur durch je für ją gestützt werden könnte. Die freisinger denkmäler haben in manchen fällen die nasalen vocale bewahrt, sie scheiden auch ę und ą nach der regel der pannonischen quellen: vueruu vêrą, malomogoncka malomogąšta, poronso porąčą, sunt sątъ und vuensih veštьšihъ. Von den bulgarischen quellen entfernen sich die genannten denkmäler dadurch, dass diese, wenn sie den nasalen vocal aufgeben, o, selten u für ą eintreten lassen, während jene ihn durch ъ ersetzen: vuelico sing. instr. f. veliką, vvosih vąžihъ, zaglagolo zaglagolją, zemlo zemlją, mo moją, moku mąką, mosenik mącenikъ, boido poidą 3. plur. aor. poronso, pornso porąčą, bozzekacho posêštahą, prigemlioki prijemljąšti, protimo protivą, prio prją, stradacho stradahą, zodit sądiтъ, zodni sądьnyj, zopirnicom sąpьrnikomъ, tuo tvoją, to sing. instr. toją, cisto čistą. Dieselbe vertretung des ą wie im nsl., nämlich durch o, finden wir in den pannonischen denkmälern: cloz I. novoją für novają 29. mogošte für mogąšte. 180. vъsêko (für vъsêką) pravdą 275. cloz II. duhovьnoją für duhovьnają a. 28. koją für kają c. 37, nie etwa ъ für ą, daher kein mъkъ u. s. w. Auch die dacischen Slovenen schieden ą und ę: manka mąka, menso męso.

Die pannonischen denkmäler unterscheiden sich von allen
übrigen durch den gebrauch und zwar den richtigen gebrauch
der nasalen vocale ą und ę. Es ist dies nur ein einzelnes merkmal der sprache, wodurch man gleichwol in den stand gesetzt
wird, die pannonischen denkmäler von den nicht-pannonischen
zu unterscheiden. Eine alle eigentümlichkeiten umfassende beschreibung der sprache der pannonischen quellen wird hier nicht
versucht. Um diese zu ermöglichen, wäre eine genauere kenntniss
der anderen slavischen sprachen in früheren jahrhunderten notwendig. Die dazu führenden untersuchungen sind für die meisten
slavischen sprachen erst anzustellen.

Gewöhnlich stattet man die verschiedenen slavischen
sprachen der früheren jahrhunderte mit jenem laut- und formen-
reichtum aus, dessen sich die altslovenische sprache rühmt,
ohne sich zu fragen, ob nach dem heutigen zustande jener
sprachen diess auch nur wahrscheinlich ist. Diese ansicht hat
P. J. Šafařík hinsichtlich einiger punkte für das serbische
als unrichtig nachgewiesen. Wer den geringen unterschied erwägt, der zwischen dem alt- und neuhochdeutschen stattfindet,
der wird auch den unterschied etwa zwischen dem russischen
des neunten und dem des neunzehnten jahrhunderts sich nicht
als sehr bedeutend vorstellen, und kann sich hiebei hinsichtlich
der laute auf die russismen des Ostromir berufen. Den haupt-
unterschied der slavischen sprachen begründet nicht die zeit;
dieser ist vielmehr durch den die bestimmte sprache redenden
volksstamm bedingt, der seine zu jeder zeit bestandene eigentümlichkeit immer weiter ausbildet, immer klarer ausprägt,
und in dieser individualisierung durch die mischung mit andern
völkern unterstützt wird.

Von den pannonischen denkmälern ist bei dem studium
des altslovenischen auszugehen. Diese texte sind der prüfstein
für das pannonische, d. i. das wahre altslovenisch: wenn
demnach bulgarische quellen byša, serbische und chorvatische
byše, russische endlich byša bieten, so ersehen wir aus den
pannonischen quellen, dass altslovenisch die form byšę lautete.
Oder gibt es dafür eine andere gewähr? Was in diesen einzig

b

maassgebenden quellen steht, muss selbst dann als altslovenisch acceptiert werden, wenn es sich als jünger erweisen sollte, als dasjenige ist, was andere quellen bieten: altslovenisch lautet darnach die III. sing. und plur. praes. auf tъ aus, obgleich sich der in russischen quellen festgehaltene auslaut tъ aus ti als älter erweist. Das eklektische verfahren, nach welchem aus allen altslovenischen denkmälern das richtig scheinende ausgewählt wird, muss als unkritisch aufgegeben werden; es kann demselben entsagt werden, da wir gegenwärtig eine einigermassen genügende kenntniss der altslovenischen quellen besitzen. Freilich sind wir noch weit davon entfernt, jene grundlegenden texte in kritischen ausgaben vor uns zu haben: ein corpus linguae pannonico- (palaeo-) slovenicae wäre eine einer akademie würdige aufgabe. Von der sitte, von wichtigen denkmälern nur bruchstücke zu veröffentlichen, ist dringend abzuraten.

Neben den nasalen vocalen ą und ę spielen die halbvocale ъ und ь im lautsystem des altslovenischen eine hervorragende rolle. Mit diesen vocalen hängt die scheidung der harten und erweichten consonanten zusammen: konъ d. i. koń: im inlaute konja d. i. koňa für konъa. In der anwendung dieser vocale weichen die pannonischen quellen von einander und von den nicht-pannonischen ab. In betreff der erweichten consonanten nun hat man folgende theorie wenn nicht entwickelt, so doch vorausgesetzt. Die slavische ursprache besass alle die erweichten consonanten, welche wir in den jetzt lebenden slavischen sprachen finden, also l, ń, ŕ: t, d: p, b, v, m: č, ž, š. Dasselbe gilt vom altslovenischen. Im laufe der zeit verlor sich in einigen slavischen sprachen die erweichung mancher consonanten, an die stelle der erweichten traten harte consonanten: so kennt das neuslovenische gegenwärtig nur l, ń: ŕ wird im auslaut durch das harte r, im inlaut durch die combination rj ersetzt: cesar, cesarja: das serbische besitzt l und ń: und das bulgarische hat die erweichung noch mehr eingeschränkt. Man sagt, diese Slaven poterjali proizņošenie bukvъ ъ, ь, und legt ihnen krajnee směšenie tverdychъ i mjagkichъ slogovъ zur last. Im gegensatze zu den genannten sprachen hat das

russische in dieser hinsicht den organismus der slavischen
ursprache treu bewahrt. Wenn nun der russische schreiber
des ostromir'schen evangeliums bura, kъnęźa, mrъtvъ schreibt,
so konnte er nach seiner muttersprache diese fehler (ošibki) nicht
machen, er hat diese fehler aus seiner vorlage wiederholt und
wol auch vermöge der gewohnheit fehlerhaft zu schreiben die
fehler seiner vorlage mit neuen vermehrt. Demnach sind wir
berechtigt, bura, kъnęźa, mrъtvъ als die echten altslovenischen
formen anzusetzen. So und nicht anders wurde gesprochen.
Ich halte diese anschauung, die, schon von Dobrovský geteilt,
den ansichten einer grossen anzahl von slavisten, vielleicht
der überwiegenden mehrzahl zu grunde liegt, für ganz und
gar verfehlt und glaube, dass die forschung überzeugend
nachweisen kann, dass, wie in andern punkten, so auch
hierin die slavischen sprachen nicht erst seit gestern von
einander abweichen, dass vielmehr der unterschied zwischen
dem neuslovenischen, serbischen und bulgarischen einerseits
und dem russischen, polnischen und čechischen andererseits
über die periode des altslovenischen, über das neunte jahrhundert weit hinausreicht. Ob es je eine zeit gegeben, in welcher
alle slavischen völker kosъ sprachen, ist nicht so ausgemacht,
als man annimmt, indem von dem zweisilbigen kosti zu dem
gleichfalls zweisilbigen kostь und von diesem unmittelbar zu
kosъ übergegangen werden konnte. Nicht alle slavischen sprachen
sind gegen das i und den diesem verwandten vocal ь gleich
empfindlich: in den oben genannten drei sprachen wird ti gesprochen, was im russischen eben so unmöglich ist wie im
čechischen, wo ti notwendig ťi lautet. Es geht demnach nicht
an, nach den gesetzen einer sprache die andern zu regeln:
jede einzelne muss in ihrem sonderleben erforscht werden und
erst aus den resultaten dieser einzelbetrachtung ergeben sich
die alle beherrschenden gesetze. Wer die altslovenischen denkmäler reden lässt, nicht für sie redet, der wird sich leicht
überzeugen, dass das altslovenische nur drei erweichte consonanten kannte, l, n und r, von denen r frühzeitig dem r zu
weichen anfieng; dass ferner die erweichung nur vor praejo-

tierten vocalen ja u. s. w. eintrat. daher koń aus konjъ neben
prijaznь, dreisilbig. mit ь als verklingendem i. ohne erweichung
des n, aus prijazni: die sing. gen. lauteten końa und prijazni,
nicht prijazńi. Demnach ist bura kein fehler: kъnęza ist so
wenig zu beanstanden, dass vielmehr kъnęzja notwendig kъnęzja,
kъnęźa ergeben würde, was zu dem thema kъnęźь principis
aus kъnęzjь gehört; und was mrъtvъ anlangt, so ist das wort
nach meiner ansicht mrtvъ zu sprechen, und die frage, ob
mrъtvъ oder mrьtvъ zu schreiben sei, wird kein scharfsinn
entscheiden, da die quellen ganz willkürlich den einen oder
den anderen halbvocal setzen, weil das ohr weder ъ noch ь
vernahm. Die hier skizzierte theorie von den erweichten consonanten des altslovenischen (r in mrъtvъ. mrьtvъ gehört nicht zu
ihnen) habe ich schon vor mehr als zwei jahrzehnten aus den
quellen ausführlich begründet, und halte daran noch gegenwärtig fest. da weder meine seitherigen studien noch das
schweigen meiner gegner mich darin wankend gemacht haben.
Vergleichende grammatik I. seite 164—181.

Dass man sich hinsichtlich der erweichten consonanten
an den Ostromir angeschlossen, hat seinen grund darin, dass
man der meinung war, in den von mir pannonisch genannten
denkmälern würden ъ und ь in allen fällen ohne unterschied
gebraucht. Dass jedoch die denkmäler der pannonischen gruppe
ъ und ь nicht willkürlich setzen, hätte man längst bemerkt,
wenn man nicht von dem grundsatze ausgegangen wäre, die
scheidung der halbvocale müsse überall in derselben art statt
finden wie im Ostromir: sobald man in irgend einer quelle
tvoritъ statt des erwarteten tvoritь erblickte, glaubte man sich jede
weitere untersuchung derselben ersparen zu sollen. Im folgenden
werden einige wenige fälle regelmässiger scheidung von ъ und
ь nachgewiesen: zogr.: emъ sing. loc., daher auch kajaśteimъ
sę; glasomь, čimь sing. instr., daher auch svętymь: ispověmь
1. sing., dagegen damъ 1. plur.: gospodь, zapovědь, kamenь,
krъvь; die plur. gen. rybieь, grobištъ; die suffixe ьnъ, ьсь,
ьskъ: bezumьni, gradьcę, dětьskъ. cloz: semъ sing. loc., daher auch grobьněmь; bogomь, imьže sing. instr., daher auch

novymь; prédamь 1. sing., dagegen avénrъ 1 plur.; gospodь,
pamętь, krъvъ; dagegen assem. tomrъ, edinomrъ, duhomrъ, doch
regelmässig iskrъ, isplъnъ: blagodétъ, oblastъ, plъtъ, pętь, šestъ
u. s. w. Dass auch sav.-kn. und sup. ъ und ь nicht willkürlich gebrauchen, dass vielmehr auch diese quellen im gebrauch
von ъ und ь eine regel festhalten, wird eine genauere untersuchung derselben nachweisen. Dabei ist allerdings zu bemerken,
dass nicht alle pannonischen denkmäler ъ und ь ganz gleich
gebrauchen; dass sich ausnahmen von der regel finden, was
bei der unbestimmtheit dieser laute natürlich ist und selbst in
dem als muster gepriesenen Ostromir sehr häufig vorkömmt;
dass namentlich nach č, ž, š so wie nach št und žd beide
zeichen hie und da willkürlich gebraucht werden, woraus sich
für mich nichts anderes ergibt, als dass nach diesen lauten
das ohr des pannonischen Slovenen ъ und ь ebenso wenig
unterschied als das des Russen heutzutage; dass ferner dasselbe bei wörtern wie trъnъ und vlъkъ eintritt, weil hier nach
der auf eine fremde sprache gebauten theorie in der regel ein
halbvocal geschrieben wurde, den niemand hörte; dass endlich
die III. sing. und plur. in allen pannonischen quellen auf tъ
auslautete, indem aus ti, tъ und t, das ist für die spätere periode
tъ hervorgieng. Wer in bura, kъneza u. s. w. fehler sicht,
wer in der schreibung der worte nicht den gesprochenen laut
erkennt, der hat auf die wissenschaftliche erforschung der
sprachen, die wir nur in der schrift, nicht in lebendiger rede
kennen, verzichtet, und wenn der Russe dem altslovenischen
sein lautsystem octroyiert, so sehe ich nicht ein, warum ein
Pole nicht das recht hätte, das altslovenische durch seine brille
zu betrachten, wie ja auch geschehen. Wenn bei der ent-
scheidung einer aus den denkmälern nicht zu lösenden frage
der altslovenischen lautlehre eine der lebenden slavischen
sprache zu hilfe gerufen werden soll, so sollten die anhänger
der bulgarischen hypothese vor allem die bulgarische sprache
befragen, wie diejenigen, welche altslovenisch für pannonisch halten, die nächst verwandte sprache, die sprache der
karantanischen Slovenen entscheiden lassen: wer dabei dem

russischen eine stimme einräumt, handelt ungefähr so wie der
germanist, der eine frage der altsächsischen lautlehre aus dem
heutigen hochdeutsch entscheiden wollte. Es braucht kaum
näher nachgewiesen zu werden, eine wie geringe stütze die
angeführte theorie von den weichen consonanten in der bulgarischen sprache findet.

V. Die nicht pannonischen denkmäler zerfallen nach
den völkern, die das altslovenische als sprache der kirche
annahmen, in vier classen, die die bulgarische, serbische,
chorvatische und russische heissen. Die sprache aller dieser
denkmäler ist altslovenisch, mannigfaltig modificiert durch den
einfluss der einheimischen sprachen: daher die ausdrücke bul-
garisch-, serbisch-, chorvatisch- und russisch-slovenisch.

VI. Zur bulgarischen classe gehören folgende denkmäler:
1. der psalter von Bologna, 264 blätter, geschrieben ‚vъ Ohridě
gradě vъ selě rěkomymъ Ravne pri cari Asěni blъgarъskymъ‘.
also zwischen 1186 und 1196. Proben in J. J. Sreznevskij.
Drevnie slavjanskie pamjatniki jusovago pisьma. Sanktpeter-
burgъ. 1868. seite 202—206. 223. 241—243. 353—380. Man
prüfe die obige stelle des bulgarischen schreibers von seite
der laut- und formenlehre, und man wird finden, dass der
Bulgare im zwölften jahrhundert weder e von ě. noch den
instr. vom loc. unterscheidet. Letzteres kömmt auch im pat.-
mih. vor: vъ malymъ žiti semь 98.

2. Der apostol aus dem ‚slěpčenskij monastyrь‘. 140
blätter, von denen 136 in Belgrad, 4 bei herrn Grigorovič in
Odessa. Probe bei Sreznevskij seite 301—330.

3. Das evangelium von Trnovo, 245 blätter, geschrieben
1273, ehemals eigentum von A. von Mihanović, jetzt in der
bibliothek der Südslavischen Akademie.

4. Das paterik (pověsti), von mir pat.-mih. d. i. pateri-
con Mihanović bezeichnet. 178 blätter, ehedem eigentum von
A. von Mihanović, jetzt des verfassers. Das wahrscheinlich aus
dem dreizehnten jahrhundert stammende denkmal ist wichtig

durch bewahrung vieler pannonischen eigentümlichkeiten: sętъ
z. b. findet sich ausserordentlich häufig.

5. Der apostol von Strumica, 88 blätter, aus dem dreizehnten jahrhundert, ehedem im besitze P. J. Šafaříks.

6. Ein nomocanon, von mir nom.-bulg. bezeichnet, 135
blätter, ehedem eigentum von Vuk Stef. Karadžić, jetzt in der
k. bibliothek in Berlin. Vergl. Jagić in Starine V. seite 43.

Die zahl der denkmäler dieser classe ist bedeutend und
die bekannt gewordenen vollständig aufzuzählen würde zu weit
führen. Ich erwähne nur, dass Herr Sreznevskij in dem oben
genannten werke aus einer grossen anzahl derselben proben
gibt, von seite 197 an. Zu den bulgarischen denkmälern gehört
teilweise auch das barberinische palimpsest, 70 blätter. Biblio-
grafičeskie listy seite 229. Zapiski II. 2. seite 91.

Das merkmal, wodurch sich die denkmäler dieser classe
auf den ersten blick von den pannonischen unterscheiden, ist
der gebrauch des ę, ję für ja: kroměšneję (vъ tmą kroměšneję),
věčnaję für pannonisch-slovenisches kroměšnjają, věčьnają. Diese
erscheinung kann nach meiner ansicht nur durch die annahme
erklärt werden, dass ją im bulgarischen in jъ übergegangen
ist: ъ ist der von Lepsius durch ę bezeichnete unbestimmte
vocal. Die combination jъ wurde durch ę, ję ausgedrückt.
Diese deutung wird durch das heutige bulgarisch bestätigt,
das altslovenisches ją in e verwandelt, welches auf jъ beruht: asl.
branją, daraus zunächst branjъ, brane, das von mir branь
geschrieben wurde. Byšą für asl. byšę setzt den übergang des
ę in ъ voraus, so wie heutzutage dъb für asl. dąbъ gesprochen
wird. Den bulgarischen denkmälern der frühesten zeit sind
demnach die nasalen vocale ebenso fremd, wie dem heutigen
bulgarisch. Kein sicherer gewährsmann schreibt diesem nasale
vocale zu. Was im Književnik II. seite 471—474 steht, halte
ich so lange für die mystification eines ‚patrioten‘, als mich
nicht vertrauenswürdige personen überzeugen, dass das bild
der sprache der macedonischen Bulgaren, welches wir aus den
von Verković Belgrad 1860 und von Miladin Agram 1861
bekannt gemachten volksliedern der macedonischen Bulgaren

in betreff der nasalen vocale gewinnen, ein falsches ist. Der
ausdruck der tatsache, es finde eine vermengung (smóšenie)
der nasalen vocale statt, befriedigt denjenigen nicht, dem die buchstaben lautzeichen sind und der von den zeichen zu den lauten
vorzudringen strebt. Wer das nicht tut, mag in der annahme
einer mittelbulgarischen sprache beruhigung suchen, nur wird
er nicht umhin können, den anfang der mittelbulgarischen
periode in eine sehr frühe zeit zu versetzen, gewiss in das
zwölfte jahrhundert, vielleicht auch darüber hinaus, da man
aus den im petersburger Gregorius Nazianzenus saec. XI. vorkommenden formen rъvьnovaahą für rъvьnovaahъ, bezdąnają
für bezdъnye, bezdąnaja (dąno milad. 51) und eben so aus
molъ sę περιέχομαι auf eine bulgarische, nach der gegner ansicht mittelbulgarische quelle schliessen muss. Diese wenigen
bemerkungen können natürlich die sache nicht erschöpfen.
Vergleichende grammatik I. seite 87. 268—275. Was erreicht
wird, wenn man diese frage zu lösen sucht, ohne das heutige
bulgarisch zu grunde zu legen, zeigt die arbeit von P. Biljar-
skij: Osredne-bolgarskomъ vokalizmê Sanktpeterburgъ. 1858.
Das resultat grossen fleisses ist: kakie-to slabye slêdy prežnjago
nosovago zvuka vъ ą i ę nadobno dopustitь seite 102. Also
schwache spuren des nasalen lautes — ob sich der verfasser
diese ,schwachen spuren' auch vorgesprochen hat! man wäre
begierig zu wissen, wie diese ,schwachen spuren' lauten.

Wer die bulgarischen denkmäler prüft, wird sich auch
davon leicht überzeugen, dass sie, abweichend von den pannonischen, nur eines halbvocals bedürfen: am deutlichsten
zeigt sich dies aus dem psalt.-slepč., das nur ъ, und aus dem
pat.-mih., das nur ь kennt: in anderen denkmälern gehört
entweder das ъ oder ь zu den grossen seltenheiten. Erweichte
consonanten im auslaute sind dem bulgarischen heutzutage fast
unbekannt, daher kon, nicht koń, wie das wort nsl. und serb.
lautet.

Eine in's détail gehende beschreibung der sprache der
bulgarischen denkmäler wird hier ebenso wenig beabsichtigt
wie bei den pannonischen und den übrigen quellen der

nicht-pannonischen gruppe. Einer einwendung gegen das über
den nasalismus im bulgarischen vorgetragene glaube ich im
voraus begegnen zu sollen. Man könnte nämlich sagen: die
slavischen wörter, die das rumunische seinem sprachschatze
einverleibt hat, lassen an die stelle der nasalen vocale ą und ę
mit nasalen consonanten schliessende silben treten. Da nun
diese wörter aus der sprache der bulgarischen Slovenen aufgenommen worden sind, so beweisen sie das vorhandensein
der nasalen vocale in der sprache der bulgarischen Slovenen.
Dagegen muss folgendes bemerkt werden: Die Rumunen,
ursprünglich im süden der Donau angesiedelt, wanderten in
ziemlich später zeit, wol nicht vor schluss des zwölften jahrhunderts, in die wohnsitze, die sie gegenwärtig im norden der
Donau inne haben; die bezeichneten wörter konnten sie demnach ebenso gut im süden als im norden aufnehmen, im süden
aus der sprache der bulgarischen, im norden aus der der dacischen
Slovenen. Diese dacischen Slovenen sind, wie oben gesagt
wurde, nachkommen des im lande zurückgebliebenen restes
jener Slovenen, welche Jornandes und Procopius im sechsten
jahrhundert im norden der Donau trafen. Dass Slaven vom
sechsten jahrhundert an durch lange zeit auf dem nörd-
lichen ufer der Donau wohnten, bemerkt auch herr E. Rösler
in den romänischen studien seite 127. Sie erhielten sich, indem
sie sich, wie im westen unter die herrschaft der Avaren, so
hier unter das joch der verschiedenen völkerschaften beugten,
die da als herren auftraten. Dass diese Slaven nicht dem russischen (kleinrussischen), sondern dem slovenischen volksstamm
angehörten, ergibt sich aus der geographischen terminologie,
so weit sie slavisch ist, erhellt aber auch aus dem letzten rest
ihrer sprache, die vor etwa einem halben jahrhundert noch in
Siebenbürgen geredet wurde.

Gelegentlich will ich nur bemerken, dass die christliche
terminologie der Rumunen so wie der bis in eine ziemlich
späte zeit fortgesetzte gebrauch slavischer kirchenbücher auf einen
anteil der Slaven an der wol ziemlich späten christianisierung
des rumunischen volkes eben so einen schluss gestattet, wie

wir aus dem deutschen teile der christlichen terminologie der
Slaven folgern, dass die Deutschen an der bekehrung der Slaven
zum christentume teil genommen haben.

VII. Zur serbischen classe gehören folgende denkmäler:
1. Das athos-evangelium, in einem der athos-klöster, aus dem
zwölften jahrhundert. Eine probe ist bekannt gemacht in Zapiski
imp. akademii naukъ. XXII. Priloženie 3. 137—143.

2. Die krmčaja. 398 blätter, geschrieben ‚na městě gla-
goleměmъ Ilovicě‘ im jahre 1262, ehedem eigentum von A.
von Mihanović, daher von mir durch krmč.-mih. bezeichnet,
jetzt der Südslavischen Akademie. Der handschrift lag, wie
zahlreiche russismen dartun, ein russischer text zu grunde:
nur russ. quellen bieten ja, a für asl. ę: izvedoša, načala,
prěbyvaja: Serbъ mogъ spisatь, sagt Vostokovъ, bolgarskuju
rukopisь, uze poličivšuju russkie ottěnki.

3. Der apostolus šišatovacensis, von Dobrovský Damiani
apostolus genannt, 226 blätter, in dem jahre 1324 geschrieben
zu Žrělo bei Peć, herausgegeben von dem verfasser. Wien.
1853. Ogorodъnikъ für ogradъnikъ im synaxar beweist auch hier
russischen einfluss.

4. Das evangelium šišatovacense aus dem jahre 1324.
Aus einer bulgarischen vorlage, wie obračenoju aus obrъčenoją
für obrączenoją zeigt.

5. Der psalter von Branko Mladěnović, 411 blätter, aus
dem jahre 1346, geschrieben ‚u Borču‘. Der commentar ist der
dem heil. Athanasius zugeschriebene. Vergl. des verfassers
abhandlung: Psaltir s tumačenjem. Starine IV. seite 29.

6. Das evangelium von B. Kopitar, aus dem fünfzehnten
jahrhundert, jetzt in der studienbibliothek zu Laibach, eine
abschrift im besitze des verfassers. In den serbischen denkmälern haben sich gewisse pannonismen, wie der einfache aorist,
bis in eine ziemlich späte zeit erhalten und sind dadurch die
serbischen quellen wichtiger als die gleichzeitigen russischen.

7. Das neue testament und psalter von Bologna, geschrieben von Hval. zu anfang des fünfzehnten jahrhunderts für Hrvoje, herzog von Spalato, in umfangreichen auszügen bekannt gemacht von herrn Gj. Daničić in Starine III. seite 1—146.

8. Das evangelium von Nikolja, geschrieben von dem obengenannten Hval., gegenwärtig in Belgrad, herausgegeben von herrn Gj. Daničić. Belgrad. 1864.

Ich möchte glauben, dass 7. und 8. aus einer chorvatisch-glagolitischen quelle geflossen seien. Zu dieser annahme berechtigen die sprache so wie der ort der entstehung. Dass gewisse archaistische formen, die ich pannonismen nenne, auf eine glagolitische quelle zu schliessen veranlassung geben, ist auch meine überzeugung: dass jedoch das denkmal unmittelbar aus einer solchen quelle geflossen sein müsse, wird seit dem bekanntwerden der Savina kniga einigermassen zweifelhaft.

Die denkmäler der serbischen classe sind zahlreich: sie liegen in ausgaben früherer jahrhunderte vor; in jüngster zeit hat sich herr Gj. Daničić durch deren veröffentlichung ein besonderes verdienst erworben.

Die sprache dieser quellen kennt keinen nasal: ą wird durch u, ę durch e vertreten. Der sprache genügt ein halb-vocal: ь. Die erweichung beschränkt sich auf l und n.

VIII. Zur chorvatischen classe gehören einige denkmäler, welche in der neueren zeit von P. J. Šafařík und von I. Berčić herausgegeben worden sind, von jenem in den Památky hlaholského písemnictví. V Praze. 1853, von dem letztern in der Chrestomathia linguae veteroslovenicae charactere glagolitico. Pragae 1859. Čitanka staroslovenskoga jezika. U Pragu 1864. und im Ulomci svetoga pisma. U Pragu. 1864—1871. Hieher gehören auch die beiden blätter, die einst auf dem deckel von krmč.-mih. aufgeklebt waren, herausgegeben von herrn Jagić im Rad južnoslavenske akademije II. seite 1.

Das von den denkmälern der serbischen classe gilt auch von den der chorvatischen: beide unterscheiden sich lautlich durch die ersetzung des asl. ě.

IX. Die russischen denkmäler sind sehr zahlreich. Ich will mich hier auf die ältesten beschränken, die unmittelbar oder mittelbar auf pannonische quellen zurückgehen.

1. Das evangelium Ostromir's, 1056 und 1057 geschrieben in Novgorod, herausgegeben von A. Ch. Vostokovъ. Sanktpeter-burgъ. 1843.

2. Die homilien des Gregorius von Nazianz, 377 blätter, aus dem eilften jahrhundert, gegenwärtig in der öffentlichen bibliothek in Petersburg. Von dieser durch altertümliche formen merkwürdigen handschrift sind nur bruchstücke bekannt geworden. Izvêstija imp. akademii naukъ II. seite 247--255. III. seite 27—38. IV. seite 294—312. X. seite 486—490.

3. Das evangelium von Turovъ, zehn blätter, aus dem eilften jahrhundert, gegenwärtig im museum von Wilna, heraus-gegeben von J. J. Sreznevskij. Zapiski imp. akademii naukъ. XXII. Priloženie 3. seite 105—136.

4. Antioch's pandektes. 310 blätter, aus dem eilften jahr-hundert, jetzt im ,Voskresenskij Novo-Jerusalimskij monastyrъ', nur in spärlichen bruchstücken bekannt gemacht. Izvêstija VII. seite 41—47. Materialy dlja slovarja V. seite 161—190.

5. Svjatoslav's izbornikъ, 266 blätter, geschrieben im jahre 1073, jetzt in der synodalbibliothek in Moskau. Die vorlage des russischen schreibers war ein für den bulgaren-fürsten Symeon geschriebener izbornik. Auch dieses denk-mal harrt noch des herausgebers. A. V. Gorskij und K. I. Nevostruev, Opisanie rukopisej sinodalьnoj biblioteki II. seite 365—405.

Weitere nachweisungen über russische denkmäler findet man in J. J. Sreznevskij's Drevnie pamjatniki russkago pisьma i jazyka. Izvêstija X. seite 1—36. 81—109. 161—234. 273—373. und 417—704. Das ganze erschien zu einem werk vereinigt 1863.

Die sprache dieser denkmäler ersetzt die pannonischen nasalen ą und ę durch u und ja. Sie lässt ausserdem die er-weichung der consonanten in viel weiterem umfange eintreten als die sprache der pannonischen denkmäler.

X. Vostokovъ, der nüchternste unter den slavischen sprach-
und altertumsforschern, der antipode des phantasiereichen, seine
ansichten häufig wechselnden Šafařik, nimmt „einen alten altslovenischen dialekt" (drevnee staroslovjanskoe narěčie) und
denkmäler mit russischer, bulgarischer und serbischer ortho-
graphie an. Jener „alte altslovenische dialekt' ist aus seiner
heimat zu anderen slavischen völkern gewandert und hat bei
ihnen durch locale einflüsse zwar nicht auf einmal, wol aber
allmählich bedeutende veränderungen erfahren. Vostokovъ erkennt eine eigene chorvatische classe von denkmälern nicht
an, was begreiflich ist, da ihm dergleichen wohl kaum bekannt
geworden, und es fällt bei der nicht bedeutenden differenz
zwischen serbischen und chorvatischen denkmälern dieser unterschied zwischen seiner und meiner auffassung nicht sehr ins
gewicht. Die verschiedenheit dieser ansichten wird erst dann
bedeutend, wenn die frage nach dem vaterlande des altslovenischen dialektes und die frage, welche denkmäler diesem
dialekte angehören, beantwortet wird. Während nach meiner
überzeugung Pannonien die heimat der altslovenischen sprache
ist, soll Vostokovъ diese sprache nur deshalb bulgarisch genannt
haben, weil alle im süden der Donau und östlich von den
Serben wohnenden Slaven Bulgaren genannt würden: er soll
jedoch nicht daran gezweifelt haben, dass Macedonien die
heimat des altslovenischen dialektes sei und dass man demnach diesen dialekt auch macedonisch nennen könne: der
eigentlich bulgarische dialekt habe sich von altersher von dem
macedonischen in sehr wesentlichen merkmalen (očenь važnymi
priznakami) unterscheiden können. Es scheint, Vostokovъ habe
den bulgarischen ursprung des altslovenischen desto entschie-
dener aufgegeben, je genauer ihm „die eigentlich bulgarische'
sprache und deren geringe verwandtschaft mit der altslovenischen
bekannt geworden und habe sich in der verlegenheit zu der
minder bekannten macedonischen geflüchtet, die, wie die volks-
lieder bezeugen, von der sonst in Bulgarien gesprochenen nicht
sehr verschieden, bei genauerer betrachtung ebenfalls wäre aufgegeben worden, namentlich wenn man wahrgenommen hätte

dass die macedonische mundart des bulgarischen nicht einmal
das als entscheidend angesehene št und žd festhält und neben
dem ersteren k, kj, neben dem letzteren g, gj gebraucht. In
gleicher verlegenheit hat Dobrovský zuletzt den „alten, noch
unvermischten serbisch-bulgarisch-macedonischen dialekt zu hilfe
gerufen. Diese darstellung der ansichten Vostokovъ's entnehme
ich den Učenyja zapiski vtorago otdělenija imp. akademii
naukъ, II. 2. Sanktpeterburgъ, 1856, seite 15—20; sie wurden
von Vostokovъ geäussert bei beantwortung einer in einer aka-
demischen sitzung an ihn gerichteten interpellation. In der
sieben jahre später, 1863, veröffentlichten grammatik sagt Vostokovъ, seite 9, man könne in der kirchenslavischen litteratur
vier hauptsprachen unterscheiden: 1. die eigentlich kirchen-
slavische (sobstvenno cerkovno-slovenskij jazykъ), in welche
ursprünglich die kirchenbücher übersetzt worden seien, welchem
volke auch jene sprache angehört habe, den mährischen, pannonischen oder macedonischen Slaven. Das älteste denkmal
dieser sprache sei das ostromir'sche evangelium, obgleich es
nicht ohne beimischung des bulgarischen und russischen geschrieben sei; 2. die bulgarische; 3. die serbische; 4. die russische. Wir werden die letztere ansicht als Vostokovъ's meinung
festhalten und von der ersteren ganz und gar absehen müssen,
zugleich aber davon act nehmen dürfen, dass er Mähren und
Pannonien von der reihe jener länder nicht ausschliesst, die
den anspruch erheben können, die heimat der altslovenischen
sprache zu sein. Wer Vostokovъ's arbeiten kennt, wird überzeugt sein, dass nur ein ausdrückliches zeugniss einer quelle
ihn zu einer entschiedenen antwort bestimmt hätte. Hinsichtlich der zweiten der oben angegebenen fragen bemerkte Vostokovъ in der vorrede zu seiner ausgabe des Ostromir'schen
evangeliums, dass der glagolita clozianus dem Ostromir zwar
gleichzeitig sein könne, dass er jedoch nicht nur einer anderen
schriftgattung, sondern zum teile auch einem anderen, dem
kirchenslavischen zwar ähnlichen, jedoch von demselben durch
gewisse eigentümlichkeiten sich unterscheidenden dialekte an-
gehöre, wie z. b. ě für ja, e für je, ъ für ь, grędej für grędyj,

bъ für byše, pridъ für pridohъ, sêdomъ für sêdohomъ, idъ für
idoše, vъznêse für vъznesoše. Wenn ich die tragweite dieser
bemerkung richtig auffasse, — denn die angeführten tatsachen
sind ja richtig —, so glaube ich dagegen darauf hinweisen zu
sollen, dass Vostokovъ den glagolita clozianus und die ihm
in den angeführten punkten verwandten denkmäler im verhältniss zum Ostromir blos als etwas verschiedenes auffasst,
das man bei der erforschung des altslovenischen bei seite
liegen lassen könne, vielleicht müsse, dass ihm entgangen ist,
dass dieses verschiedene nicht nur das ältere, sondern, weil
aus der heimat des altslovenischen stammend, der wahre zeuge
für das ‚drevnee staroslovjanskoe narêčie‘, für den ‚sobstvenno
cerkovno-slovenskij jazykъ‘ ist, in den ursprünglich die kirchenbücher übertragen wurden. Der glagolita clozianus und was
ihm in glagolitischer und cyrillischer schrift nahe steht, ist die
grundlage der historischen, d. i. der wissenschaftlichen grammatik der slavischen sprachen: der Ostromir, so hoch will-
kommen er uns ist, ist von ungleich geringerer bedeutung.

XI. Die frage nach der heimat der slavischen kirchensprache beschäftigt die sprach- und geschichtsforscher seit
einem jahrhundert, ohne dass ein befriedigendes resultat erreicht
wäre. Christoph von Jordan meint, Cyrill habe sich vielleicht
des bulgarischen dialektes bedient, den er in Constantinopel
erlernte und den die Mährer hinlänglich hätten verstehen können.
Lucius und Schönleben weisen auf die gegenden um Thessa-
lonich hin. Matthias von Miechov nennt die sprache der russischen kirchenbücher serbisch. Auch Dobrovský meinte an-
fänglich, die slavonische kirchensprache sei der altserbische
dialekt, bis er sich, wie er sagt, bei der bearbeitung der slavischen grammatik und durch fleissige vergleichung der neueren
auflagen mit den ältesten handschriften (der kirchenbücher)
immer mehr davon überzeugt habe, Cyrill's sprache sei ‚der
alte, noch unvermischte serbisch-bulgarisch-macedonische dialekt
gewesen.‘ Vostokovъ meint, die heimat der altslovenischen
sprache könne Mähren, Pannonien oder Bulgarien gewesen

sein. Šafařík, der in einer früheren periode seine überzeugung
von dem bulgarischen ursprunge der slavischen kirchensprache
nicht kräftig genug betonen konnte, erklärte sich wenige jahre
vor seinem tode für die pannonische heimat derselben, so
dem oft bekämpften Kopitar beistimmend, der da meinte, die
slavische kirchensprache sei die sprache, quae ante mille
fere annos viguit inter Slavos Pannoniae. Kopitar scheint die
sprache der pannonischen und der karantanischen Slovenen
für identisch gehalten zu haben, was ich jetzt nicht billige,
obgleich ich noch immer der überzeugung bin, dass trotz aller
verschiedenheiten beide dialekte einander sehr nahe, ja sogar
viel näher standen, als einer von ihnen irgend einem anderen.

Die frage nach der heimat des altslovenischen ist eben
so schwierig wie die nach dem alter der alphabete, mit denen
es geschrieben wird. Die hoffnung, alle seine gegner zum
schweigen zu bringen, muss der forscher bei solchen untersuchungen aufgeben: was er zu erreichen hoffen darf, ist im
günstigsten falle eine ansicht, die sich in die reihe der tatsachen besser einfügen lässt als die der gegner.

XII. Bei der aus dem bisher gesagten sich ergebenden
richtung meiner studien, bei der maassgebenden stellung, die
ich den pannonischen quellen zuschreibe, konnte es nicht fehlen,
dass sich die vorliegende darstellung der altslovenischen formenlehre von der früheren in einigen punkten unterscheidet. Als
die wichtigsten erscheinen mir folgende: 1. der plur. dat. rabЪмъ,
selЪmъ statt rabomъ, selomъ, analog dem sing. instr. gebildet.
2. der sing. instr. der substantivischen und adjectivischen a-
themen auf ą statt auf oją: rybą statt ryboją. Diese immer
seltener werdende bildung kann beim pronomen, vielleicht nur
zufällig, nicht nachgewiesen werden. 3. der sing. loc. der consonantischen themen auf e: crъkъve statt crъkъvi. 4. der sing.
gen. und dat. der zusammengesetzten declination im masc.
und neutr. auf ajego, ujemu: dobrajego, dobrujemu statt do-
braago, dobruumu. 5. die III. sing. und plur. praes. auf tъ
statt auf tь: pletetъ, pletątъ statt pletetь, pletątь. 6. die III.

dual. auf te statt auf ta, das die personalendung der II. dual.
ist: vedeta, vedete statt vedeta, vedeta. 7. die imperativformen
bijate, pišate statt bijte, pišite: jene werden im laufe der zeit
immer seltener und verlieren sich schliesslich ganz. Den lebenden sprachen sind sie unbekannt. 8. die einschaltung des
bindevocals e zwischen den stamm und die personalendungen
der II. und III. dual. und der II. plur. im imperf.: pletéašeta,
pletéašete statt pletéasta, pletéaste. Auf die form pijašete
ward Vostokovъ schon 1821 aufmerksam, musste sie jedoch,
weil er die glagolitischen denkmäler auch später nicht beachtete,
als eine ‚osobennaja forma‘ bei seite liegen lassen. 9. ę statt y
im part. praes. act.: pletę statt plety: y neben ę scheint ein
pannonismus zu sein, der nur noch in den freisinger denkmälern vorkömmt: petsali ne imugi asl. pečali ne imy. 10. die
darstellung des part. praet. act. I. hvalъ als der älteren und
hvalivъ als der jüngeren form. Die form auf ivъ ist in den
älteren altslovenischen denkmälern überhaupt selten, manchen
ganz fremd, und scheint nach formen wie bivъ vor allen bei
verben wie stroji, die der form wie hvalъ nicht fähig sind,
gebildet worden zu sein. Das von Vostokovъ, Izvěstija I. seite
17, bezweifelte hvalъ findet sich sav.-kn. 21. und šiš. 44. und
das von andern mit misstrauen aufgenommene učъ zogr. učъ
cloz I. 707. sav.-kn. 127. Auch im part. hvalъ sehe ich eine
pannonische eigentümlichkeit: diese participialbildung ist allen
anderen sprachen unbekannt. 11. die entschiedene aufnahme
des bimъ als aor. von by. Dass bimъ statt bymъ stehe, kann
ich gegenwärtig noch weniger zugeben als vor jahrzehenden
im dritten bande der vergleichenden grammatik. Meist wird
man neben diesen sich immer mehr verlierenden formen die
an deren stelle tretenden angegeben finden: das umgekehrte
verfahren, nach welchem jüngere formen zu grunde gelegt
würden, könnte nur durch praktische rücksichten entschuldigt
werden, die diesem buche ferne liegen. Einige von den angeführten punkten beabsichtige ich in eigenen abhandlungen
darzustellen.

Der titel spricht von einer formenlehre in paradigmen:
das buch enthält deswegen etwas mehr, dass ich das von dem
hergebrachten abweichende, wo es kurz geschehen konnte.
begründete.

XIII. Die der formenlehre beigegebenen lesestücke enthalten einiges aus den ältesten glagolitischen denkmälern in
cyrillischer transscription: sie sollen dazu dienen, die kenntniss
jener denkmäler zu fördern, die die älteste form der altslovenischen sprache enthalten. Diese stücke in der urschrift ab-
drucken zu lassen, davon hielt mich die besorgniss zurück,
sie möchten dann nicht gelesen werden.

XIV. Bei dem abdruck der altslovenischen texte bin ich
meiner seit jeher befolgten methode treu geblieben, indem ich
den text sinngemäss interpungiere, die zeichen, womit die
schreiber in sklavischer nachahmung der Griechen namentlich
die anlautenden vocale verunstalten, als vollkommen nutzlos
fortlasse und die abkürzungen auflöse. Was die zeichen anlangt, so habe ich sie nach reiflicher überlegung zu setzen
unterlassen, weil ich mich von deren nutzen nicht überzeugen
konnte. Einige bemerkungen genügen, um den gebrauch derselben klar zu machen: man vergleiche meine einleitung zu den
Monumenta palaeoslovenica e codice suprasliensi seite VII bis X.
Es gibt allerdings zeichen, die gesetzt werden müssen: hieher gehört dasjenige, durch welches eine besondere aussprache
der liquiden und der gutturalen consonanten angedeutet wird:
ferners dasjenige, das einen halbvocal zu ersetzen bestimmt
ist, jedoch nur bei jenen handschriften, welche beide halbvocale anwenden. Die beibehaltung der abkürzungen im
drucken halte ich für eine barbarei und zwar für eine kost-
spielige und noch dazu schädliche barbarei, die ganz geeignet
ist, von der lesung der ohnediess nur von wenigen gelesenen
denkmäler abzuschrecken. Auch über die abkürzungen soll nur
in der vorrede oder in den anmerkungen gehandelt werden.
Diesem grundsatze folgen gebildete völker seit jahrhunderten.

Wenn gesagt wird, die beibehaltung der zeichen und abkürzungen
sei nützlicher und dem liebhaber des altertums angenehmer,
so hat man den nutzen nachzuweisen vergessen, und was die
annehmlichkeit anlangt, so wird allerdings die wichtige miene
bei nichtigkeiten auf manchen leser erheiternd wirken, ihm
daher nicht unangenehm sein.

Die formen- (wortbildungs-) lehre zerfällt in die lehre von der declination und in die lehre von der conjugation.

A. Declination.

Die declination ist dreifach: a. nominal. b. pronominal. c. zusammengesetzt.

a. Nominale declination.

Der nominalen declination folgen: α. die substantiva, adjectiva und participia. β. die pronomina personalia.

α. Declination der substantiva, adjectiva und participia.

Die verschiedenheit der declination der substantiva, adjectiva und participia ist durch den auslaut der themen bedingt.

Nach dem auslaute sind die themen I. a (ъ)-themen. II. a (o)-themen. III. ā-themen. IV. u-themen. V. i-themen. VI. consonantische themen.

I. a (ъ)-themen.

Die a (ъ)-themen sind generis masculini. Die declination wird durch den dem ъ vorhergehenden consonanten beeinflusst.

1. Dem ъ geht einer der harten consonanten: r, l, n; t, d; p, b, v, m; k, g, h; z, s vorher.

1

Subst. rabъ servus. Thema rabъ.

nom.	рабъ	раба	раби
voc.	рабе	раба	раби
acc.	рабъ	раба	рабꙑ
gen.	раба	рабоу	рабъ
dat.	рабоу	рабома	рабомъ
instr.	рабомь	рабома	рабꙑ
loc.	рабѣ	рабоу	рабѣхъ

Subst. rimljaninъ. Thema rimljaninъ und rimljanъ.

nom.	римлѣнинъ	римлѣнина	римлѣне
voc.	римлѣнине	римлѣнина	римлѣне
acc.	римлѣнинъ	римлѣнина	римлѣни
gen.	римлѣнина	римлѣниноу	римлѣнъ
dat.	римлѣниноу	римлѣнинъма	римлѣнкавъ
instr.	римлѣнинъмь	римлѣнинъма	римлѣнꙑ
loc.	римлѣнинѣ	римлѣниноу	римлѣнихъ

Adj. dobrъ bonus.

nom.	добръ	добра	добри
voc.	добре	добра	добри
acc.	добръ	добра	добрꙑ u. s. w.

ъ vor м kann in о, ь vor м und х in е übergehen. Der plur. dat. рабомъ ist bisher nicht belegt: krmč.-mih., wo гробомъ, кннискоупнкомъ vorkömmt, verwechselt häufig о mit ъ, beweist daher nichts.

2. Dem ъ geht j voraus: nach j fällt ъ ab.

Subst. kraj margo. Thema krajъ.

nom.	край	краѣ	краи
voc.	краю	краѣ	краи
acc.	край	краѣ	краѧ
gen.	краѣ	краю	край
dat.	краю	краема	краемъ
instr.	краемь	краема	краи
loc.	краи	краю	краихъ

Adj. velij magnus.

nom.	велий	велиѣ	велии
voc.	велий	велиѣ	велии
acc.	велий	велиѣ	велиѧ u. s. w.

Man merke den sing. voc. коуе stulte zogr. statt des erwarteten коую, das nicht vorkömmt.

3. Dem ъ geht ein durch verbindung mit j erweichter consonant vorher: nach ъ fällt ъ ab. a. рь. дь. нь aus rjъ. ljъ. njъ. b. щь aus kjъ. зь aus gjъ. Hieher gehören auch c. die nom. auf чь aus cjъ, kjъ. auf жь aus zjъ, gjъ. d. auf шь aus sjъ, hjъ. e. auf шть aus tjъ. auf жд aus djъ.

a. Subst. конь equus. Thema конjъ.

nom.	конь	коня	кони
voc.	коню	коня	конь
acc.	конь	коня	коня
gen.	коня	коню	конь
dat.	коню	конема	конемъ
instr.	конемь	конема	кони
loc.	кони	коню	конихъ

Die themen auf арь und auf тель haben im plur. nom. neben и auch ие: мꙑтарие und daraus мꙑтаре (мꙑтарие). жателие und daraus жателе. Der plur. gen. der themen auf тель lautet auf ль, der plur. instr. auf ꙑ aus: жительъ, властельꙑ: die themen waren ursprünglich consonantisch.

Adj. соломунь Salomonis.

nom.	соломунь	соломуня	соломуни
voc.	соломунь	соломуня	соломуни
acc.	соломунь	соломуня	соломуня u. s. w.

b. Subst. отьць pater. Thema отьцjъ.

nom.	отьць	отьца	отьци
voc.	отьче	отьца	отьци
acc.	отьць	отьца	отьця
gen.	отьца	отьцоу	отьць
dat.	отьцоу	отьцема	отьцемъ
instr.	отьцемь	отьцема	отьци
loc.	отьци	отьцоу	отьцихъ

Adj. nicь pronus.

ниць	ница	ници
ниць	ница	ници
ниць	ница	ниця u. s. w.

c. Subst. vračь medicus. Thema vračjъ.

nom.	врачь	врача	врачи
voc.	врачоу	врача	врачи
acc.	врачь	врача	врача
gen.	врача	врачоу	врачь
dat.	врачоу	врачьма	врачьмъ
instr.	врачьмь	врачьма	врачи
loc.	врачи	врачоу	врачихъ

Adj. льстьвь hominis fallacis.

nom.	льстьчь	льстьча	льстьчи
voc.	льстьчь	льстьча	льстьчи
acc.	льстьчь	льстьча	льстьча u. s. w.

d. Subst. košь corbis. Thema košjъ.

nom.	кошь	коша	коши
voc.	кошоу	коша	коши
acc.	кошь	коша	коша
gen.	коша	кошоу	кошь
dat.	кошоу	кошьма	кошьмъ
instr.	кошьмь	кошьма	коши
loc.	коши	кошоу	кошихъ

Adj. amošь τῶ Amos.

nom.	амошь	амоша	амоши
voc.	амошь	амоша	амоши
acc.	амошь	амоша	амоша u. s. w.

Adj. comparativ dobréj melior. Thema für sing. nom.
dobréjьs, sonst dobréjъšjъ aus dobréjъšjъ.

nom.	добрѣй	добрѣйша	добрѣйше
voc.	добрѣй	добрѣйша	добрѣйше
acc.	добрѣйшь	добрѣйша	добрѣйша
gen.	добрѣйша	добрѣйшоу	добрѣйшь
dat.	добрѣйшоу	добрѣйшьма	добрѣйшьмъ
instr.	добрѣйшьмь	добрѣйшьма	добрѣйши
loc.	добрѣйши	добрѣйшоу	добрѣйшихъ

Der plur. nom. lautet auch auf i aus: соудѣйши єстє
assem. цꙗ бога нашего въшькши сꙗ творитє sup. 66. 3.
Befremdend ist der sing. voc. ѡ добрѣю (добрѣꙗ) ὦ βέλτιστε
naz. Der sing. acc. kann auch dem nom. gleich sein: да плодъ
болий створитъ ἵνα πλείονα καρπὸν φέρῃ sav.-kn. 93. колий

 НЕДѫГЪ СТВОРИТЪ graviorem morbum faciet cloz I. 445. neben
НЕДОБЛИЕ СТВОРИТИ ЛОУЧЪШИЪ oportebat (eum) meliorem red-
dere I. 194.

Ebenso werden die comparative ГОРИИ peior, МОИТИИ
peior, РАЧИИ gratior decliniert: sing. acc. ГОРЪШИЪ, МОИТЪШИЪ,
РАЧЪШИЪ neben ГОРИИ, МОИТИИ, РАЧИИ u. s. w. thema für sing.
nom. gorьjьs, woraus unregelmässig ГОРИИ, sonst gorьšjь aus
gorьjьšjь. Ein sing. nom. masc. ВОЛК, КЪШИЪ, ВѦИИТЪ, ГОРЪ,
ГРѪБЛЪ, ЛИШИЪ, ЛЪКИЪ, ОУИЪ, ХОУЖДѦ existiert nicht: КЪТО ИХЪ
ВѦИТИИ ВИ КЪЛѴЪ. КЪТО ЕСТЪ ВОЛИИ zogr.

Part. praet. act. I. tvorь ποιήσας. Thema für sing. nom.
tvorьs aus tvorjьs, sonst tvorьšjь aus tvorjьšjь.

nom.	ТВОРЬ	ТВОРЬШИА	ТВОРЬШИЕ
voc.	ТВОРЬ	ТВОРЬШИА	ТВОРЬШИЕ
acc.	ТВОРЬШИЪ	ТВОРЬШИА	ТВОРЬШИѦ
gen.	ТВОРЬШИА	ТВОРЬШИОУ	ТВОРЬШИЪ
dat.	ТВОРЬШИОУ	ТВОРЬШИЪМА	ТВОРЬШИЪМ
instr.	ТВОРЬШИЪМЪ	ТВОРЬШИЪМА	ТВОРЬШИИ
loc.	ТВОРЬШИИ	ТВОРЬШИОУ	ТВОРЬШИХЪ

Eben so wird das jüngere tvorivъ decliniert: ТВОРИВЪ,
ТВОРИВЪ, ТВОРИВЪШИЪ u. s. w. Thema für sing. nom. tvorivъs,
sonst tvorivъšjь.

c. Subst. plaštь pallium. Thema plaštjь.

nom.	ПЛАШТЪ	ПЛАШТА	ПЛАШТИ
voc.	ПЛАШТОУ	ПЛАШТА	ПЛАШТИ
acc.	ПЛАШТЪ	ПЛАШТА	ПЛАШТѦ
gen.	ПЛАШТА	ПЛАШТОУ	ПЛАШТЪ
dat.	ПЛАШТОУ	ПЛАШТЪМА	ПЛАШТЪМЪ
instr.	ПЛАШТЪМЪ	ПЛАШТЪМА	ПЛАШТИ
loc.	ПЛАШТИ	ПЛАШТОУ	ПЛАШТИХЪ

Adj. koštь gracilis.

nom.	КОШТЪ	КОШТА	КОШТИ
voc.	КОШТЪ	КОШТА	КОШТИ
acc.	КОШТЪ	КОШТА	КОШТѦ u. s. w.

Part. praes. act. hvalę laudans. Thema für sing. nom.
hvalęt, sonst hvalęštjь.

nom.	ХВАЛѦ	ХВАЛѦШТА	ХВАЛѦШТЕ
voc.	ХВАЛѦ	ХВАЛѦШТА	ХВАЛѦШТЕ

acc.	ХВАЛАШТѢ	ХВАЛАШТА	ХВАЛАШТѦ
gen.	ХВАЛАШТѦ	ХВАЛАШТОͰ	ХВАЛАШТѢ
dat.	ХВАЛАШТОͰ	ХВАЛАШТѢМА	ХВАЛАШТѢМЪ
instr.	ХВАЛАШТѢѦͰ	ХВАЛАШТѢМА	ХВАЛАШТИ
loc.	ХВАЛАШТИ	ХВАЛАШТОͰ	ХВАЛАШТИХЪ

Ebenso werden die part. ПЛЕТЪІ, älter ПЛЕТА, plectens, ПИША scribens decliniert: sing. acc. ПЛЕТѪШТЬ, ПИШѪШТЬ u. s. w. Thema für sing. nom. und voc. pletąt, pišąt, sonst pletąštjъ, pišąštjъ.

In a — e kann ъ vor ѭ in е, nach а, и, principiell auch nach р in ѥ übergehen: КОШЕѬѦ, ОТЪЦЕѬѦ, КРАЧЕѬѦ u. s. w.

II. a (o)-themen.

Die o-themen sind generis neutrius. Die declination wird durch den dem o vorhergehenden consonanten beeinflusst.

1. Dem o geht ein harter consonant vorher.

Subst. selo ager. Thema selo.

nom.	СЕЛО	СЕЛѢ	СЕЛА
voc.	СЕЛО	СЕЛѢ	СЕЛА
acc.	СЕЛО	СЕЛѢ	СЕЛА
gen.	СЕЛА	СЕЛОͰ	СЕЛЪ
dat.	СЕЛОͰ	СЕЛѢМА	СЕЛѢМЪ
instr.	СЕЛѢМЬ	СЕЛѢМА	СЕЛЪІ
loc.	СЕЛѢ	СЕЛОͰ	СЕЛѢХЪ

Adj. dobro bonum.

nom.	ДОБРО	ДОБРѢ	ДОБРА
voc.	ДОБРО	ДОБРѢ	ДОБРА
acc.	ДОБРО	ДОБРѢ	ДОБРА u. s. w.

Ъ kann vor ѭ in о übergehen. Der plur. dat. СЕЛѢѦＬＭЪ ist bisher nicht belegt: СЛОВѢМЪ aus krmč.-mih. ist nicht beweisend, weil dieses denkmal о mit ъ verwechselt.

2. Dem o geht j vorher: о geht in e über.

Subst. kopije hasta. Thema kopijo.

nom.	КОПИѤ	КОПИИ	КОПИѦ
voc.	КОПИѤ	КОПИИ	КОПИѦ
acc.	КОПИѤ	КОПИИ	КОПИѦ

gen.	кониꙗ	конию	конїй
dat.	конию	кониема	кониемъ
instr.	кониемь	кониема	конии
loc.	конии	конию	кониихъ

Der sing. instr. der subst. auf ие lautet иемь, иимь (хоткнимь cloz I. 197), книмь (нсликнимь 55), лимь (кансида-нимь 821), кимь (новельккнкимь cloz II. 153) und ähnlich in den anderen casus mit consonantisch anlautenden suffixen: гадаиииами ippol. 42.

Adj. velije magnum.

nom.	велие	велии	велиꙗ
voc.	велие	велии	велиꙗ
acc.	велие	велии	велиꙗ u. s. w.

3. Dem o geht ein durch verbindung mit j erweichter consonant vorher: o geht in e über. a. ре (рѣ). ле(лѣ). не aus rie. lie. nie. b. це aus cjo, kjo. зе fehlt. Hicher gehören auch c. die nom. auf че aus cjo, kjo. auf же aus zjo, gjo: d. auf ше aus sjo, hjo. e. auf ште aus tjo, skjo. auf жде aus djo.

a. Subst. polje campus. Thema poljo.

nom.	поле	полꙗ	полꙗ
voc.	поле	полꙗ	полꙗ
acc.	поле	полꙗ	полꙗ
gen.	полꙗ	полю	полъ
dat.	полю	полꙗма	полꙗмъ
instr.	полꙗмь	полꙗма	полꙗ
loc.	полꙗ	полю	полꙗхъ

полꙗма ist dreisilbig zu sprechen: auch in къкꙗкмь (къкꙗкмь naz.) bildet к eine silbe.

Adj. solomunje Salomonis.

nom.	соломоуние	соломоуꙗн	соломоуниꙗ
voc.	соломоуние	соломоуꙗн	соломоуниꙗ
acc.	соломоуние	соломоуꙗн	соломоуниꙗ u. s. w.

b. Subst. srьdьce cor. Thema srьdьcjo.

nom.	сръдьце	сръдьци	сръдьца
voc.	сръдьце	сръдьци	сръдьца
acc.	сръдьце	сръдьци	сръдьца
gen.	сръдьца	сръдьцоу	сръдьць

dat.   срѫдьцоу   срѫдьцема   срѫдьцемъ
instr. срѫдьцемь   срѫдьцема   срѫдьци
loc.   срѫдьци   срѫдьцоу   срѫдьцихъ

Adj. nice pronum.

nom.	иниче	иници	иница
voc.	иниче	иници	иница
acc.	иниче	иници	иница u. s. w.

c. Subst. ложе lectus. Thema ložjo.

nom.	ложе	ложи	ложа
voc.	ложе	ложи	ложа
acc.	ложе	ложи	ложа
gen.	ложа	ложоу	ложь
dat.	ложоу	ложьма	ложьмъ
instr.	ложьмь	ложьма	ложи
loc.	ложи	ложоу	ложихъ

Adj. lьstьče hominis fallacis.

nom.	лькстьче	лькстьчи	лькстьча
voc.	лькстьче	лькстьчи	лькстьча
acc.	лькстьче	лькстьчи	лькстьча u. s. w.

d. Subst. fehlt.

Adj. amoše τοῦ Amos.

nom.	амоше	амоши	амоша
. voc.	амоше	амоши	амоша
acc.	амоше	амоши	амоша u. s. w.

Adj. comparativ dobrêje melius. Thema für sing. nom. dobrêjьs, dessen ъ in das dem neutr. zukommende o übergeht, sonst dobrêjšje aus dobrêjьšjo.

nom.	добрѣе	добрѣиши	добрѣиши
voc.	добрѣе	добрѣиши	добрѣиши
acc.	добрѣе	добрѣиши	добрѣиши
gen.	добрѣиша	добрѣишоу	добрѣишь
dat.	добрѣишоу	добрѣишьма	добрѣишьмъ
instr.	добрѣишьмь	добрѣишьма	добрѣиши
loc.	добрѣиши	добрѣишоу	добрѣишихъ

Der plur. nom. hat auch den auslaut a: вѧштьша sup.
131. 19. больша сихъ оузьриши. больша сихъ сътворитъ
μείζονα ostrom. Alter ist der auslaut i: больши sup. 17. 7.
тръвлѧши 250. 24.

Ebenso werden decliniert die comparative gorje peius, mošte peius, rače gratius: sing. nom. **гоpиѥ, моштє, рачє**. gen. **гоpьша, мошtьша, рачьша** u. s. w. Thema für sing. nom. ist gorьjьs, dessen 'ь in o übergeht, worauf gorje aus gorьjo, sonst gorьšje aus gorьjьšjo. Der sing. nom. kann auch **добрѣише**: **больше** sup. 203. 25. lauten.

Part. praet. act. I. tvorьποιήσας. Thema für sing. nom. tvorьs aus tvorjьs, sonst tvorьšje aus tvorjьšjo.

nom.	**твоpь**	**твоpьши**	**твоpьша**
voc.	**твоpь**	**твоpьши**	**твоpьша**
acc.	**твоpь**	**твоpьши**	**твоpьша**
gen.	**твоpьша**	**твоpьшоу**	**твоpьшь**
dat.	**твоpьшоу**	**твоpьшьма**	**твоpьшьмъ**
instr.	**твоpьшьмь**	**твоpьшьма**	**твоpьши**
loc.	**твоpьши**	**твоpьшоу**	**твоpьшихъ**

Einen plur. nom. auf i kann ich nicht nachweisen.

Ebenso wird das jüngere tvorivъ decliniert: **твоpивъ, твоpивъ, твоpивъ** u. s. w. Thema für sing. nom. tvorivъs, sonst tvorivъšjo.

c. Subst. pleštе humerus. Thema pleštjo.

nom.	**плєштє**	**плєшти**	**плєшта**
voc.	**плєштє**	**плєшти**	**плєшта**
acc.	**плєштє**	**плєшти**	**плєшта**
gen.	**плєшта**	**плєштоу**	**плєштъ**
dat.	**плєштоу**	**плєштьма**	**плєштьмъ**
instr.	**плєштьмь**	**плєштьма**	**плєшти**
loc.	**плєшти**	**плєштоу**	**плєштихъ**

Adj. košte gracile.

nom.	**коштє**	**кошти**	**кошта**
voc.	**коштє**	**кошти**	**кошта**
acc.	**коштє**	**кошти**	**кошта** u. s. w.

Part. praes. act. hvalę laudans. Thema für sing. nom. hvalęt, sonst hvalęštjo.

nom.	**хвала**	**хвалашти**	**хвалашта**
voc.	**хвала**	**хвалашти**	**хвалашта**
acc.	**хвала**	**хвалашти**	**хвалашта**
gen.	**хвалашта**	**хвалаштоу**	**хвалашть**
dat.	**хвалаштоу**	**хвалаштьма**	**хвалаштьмъ**

instr.   хвалаштьмь   хвалаштьма   хвалашти

loc.   хвалашти   хвалашту   хвалаштихъ

Ein plur. nom. auf i ist aus der zusammengesetzten declination mit sicherheit zu erschliessen. Ebenso werden die part. плетꙑ, älter плета, plectens πλέκον, пишꙗ scribens γράφων decliniert: sing. gen. плеташта, пишашта u. s. w.

In a—e kann к vor м in ѕ, nach л, н, principiell auch nach р in ѥ übergehen.

III. ā-themen.

Die ā-themen sind meist generis feminini. Die declination wird durch den dem a vorhergehenden consonanten beeinflusst.

1. Dem a geht ein harter consonant vorher.

Subst. ryba piscis. Thema ryba.

nom.	рꙑба	рꙑбѣ	рꙑбꙑ
voc.	рꙑбо	рꙑбѣ	рꙑбꙑ
acc.	рꙑбѫ	рꙑбѣ	рꙑбꙑ
gen.	рꙑбꙑ	рꙑбоу	рꙑбъ
dat.	рꙑбѣ	рꙑбама	рꙑбамъ
instr.	рꙑбѫ	рꙑбама	рꙑбами
loc.	рꙑбѣ	рꙑбоу	рꙑбахъ

Adj. dobra bona.

nom.	добра	добрѣ	добрꙑ
voc.	добра	добрѣ	добрꙑ
acc.	добрѫ	добрѣ	добрꙑ u. s. w.

2. Dem a geht j vorher.

Subst. staja stabulum. Thema staja.

nom.	стаꙗ	стаи	стаꙗ
voc.	стаѥ	стаи	стаꙗ
acc.	стаѭ	стаи	стаꙗ
gen.	стаꙗ	стаѭ	стаи
dat.	стаи	стаꙗма	стаꙗмъ
instr.	стаѭ	стаꙗма	стаꙗми
loc.	стаи	стаѭ	стаꙗхъ

Die auf ija auslautenden themen werfen in alten quellen im sing. nom. a meist ab: зъдъчий, oder wol richtiger зъдъчии, conditor. крабии theca. алдии navis. млънии fulgur. сѫдии index. мосии moyses. параскевгии παρασκευή.

Adj. velija magna.

nom.	КЄЛІИ	КЄЛІИ	КЄЛІИ
voc.	КЄЛІИ	КЄЛІИ	КЄЛІИ
acc.	КЄЛІИ	КЄЛІИ	КЄЛІИ u. s. w.

3. Dem a geht ein durch verbindung mit j erweichter consonant vorher: a. ри. ли. ни aus rja. lja. nja. b. ца aus kja. за aus gja. Hieher gehören auch c. die nom. auf ча aus cja, kja. auf жа aus zja, gja. d. auf ша aus sja, hja. e. auf шта aus tja. auf жда aus dja.

a. Subst. vonja odor. Thema vonja.

nom.	КОНІ	КОНЇИ	КОНІА
voc.	КОНЇ	КОНЇИ	КОНІА
acc.	КОНІ	КОНЇИ	КОНІА
gen.	КОНІА	КОНЮ	КОНЬ
dat.	КОНЇИ	КОНІАЛА	КОНІАМЪ
instr.	КОНІ	КОНІАЛА	КОНІАМИ
loc.	КОНЇИ	КОНЮ	КОНІАХЪ

Die auf ynja auslautenden themen verwandeln a in i: поглкиии, рлкиии, клгкиии u. s. w.

Adj. solomunja Salomonis.

nom.	СОЛОМОУИІ	СОЛОМОУИИ	СОЛОМОУША
voc.	СОЛОМОУИ	СОЛОМОУИИ	СОЛОМОУША
acc.	СОЛОМОУИ	СОЛОМОУИИ	СОЛОМОУША u. s. w.

b. Subst. ovьca ovis. Thema ovьcja.

nom.	ОВЬЦА	ОВЬЦИ	ОВЬЦА
voc.	ОВЬЦЄ	ОВЬЦИ	ОВЬЦА
acc.	ОВЬЦ	ОВЬЦИ	ОВЬЦА
gen.	ОВЬЦА	ОВЬЦОУ	ОВЬЦЬ
dat.	ОВЬЦИ	ОВЬЦАЛА	ОВЬЦАЛЪ
instr.	ОВЬЦ	ОВЬЦАЛА	ОВЬЦАМИ
loc.	ОВЬЦИ	ОВЬЦОУ	ОВЬЦАХЪ

Ad. nica prona.

nom.	НИЦА	НИЦИ	НИЦА
voc.	НИЦА	НИЦИ	НИЦА
acc.	НИЦ	НИЦИ	НИЦА u. s. w.

c. Subst. pritьča parabola. Thema pritьčja.

| nom. | ПРИТЪЧА | ПРИТЪЧИ | ПРИТЪЧА |
| voc. | ПРИТЪЧЄ | ПРИТЪЧИ | ПРИТЪЧА |

acc.	притъчѫ	притъчи	притъчѧ
gen.	притъчѧ	притъчоу	притъчь
dat.	притъчи	притъчама	притъчамъ
instr.	притъчѫ	притъчама	притъчами
loc.	притъчи	притъчоу	притъчахъ

Adj. lъstъča hominis fallacis.

nom.	лъстъча	лъстъчи	лъстъчѧ
voc.	лъстъча	лъстъчи	лъстъчѧ
acc.	лъстъчѫ	лъстъчи	лъстъчѧ u. s. w.

d. Subst. duša anima. Thema dušja.

nom.	доуша	доуши	доушѧ
voc.	доуше	доуши	доушѧ
acc.	доушѫ	доуши	доушѧ
gen.	доушѧ	доушоу	доушь
dat.	доуши	доушама	доушамъ
instr.	доушѫ	доушама	доушами
loc.	доуши	доушоу	доушахъ

Adj. amoša τοῦ Amos.

nom.	амоша	амоши	амошѧ
voc.	амоша	амоши	амошѧ
acc.	амошѫ	амоши	амоша u. s. w.

Adj. comparat. dobrějši melior. Thema dobrějšja: a geht in i über.

nom.	добрѣйши	добрѣйши	добрѣйшѧ
voc.	добрѣйши	добрѣйши	добрѣйшѧ
acc.	добрѣйшѫ	добрѣйши	добрѣйшѧ
gen.	добрѣйшѧ	добрѣйшоу	добрѣйшь
dat.	добрѣйши	добрѣйшама	добрѣйшамъ
instr.	добрѣйшѫ	добрѣйшама	добрѣйшами
loc.	добрѣйши	добрѣйшоу	добрѣйшахъ

So werden auch die comparative горьши peior, мьньши peior, рачьши gratior decliniert: sing. nom. горьши, мьньши, рачьши u. s. w. Thema gorьšja aus gorьjъšja.

Part. praet. act. I. tvorьši ποιήσασα. Thema tvorьšja: a geht in i über.

nom.	творьши	творьши	творьшѧ
voc.	творьши	творьши	творьшѧ
acc.	творьшѫ	творьши	творьшѧ

gen.	твоѓкшіа	твоѓкшіоу	твоѓкшк
dat.	твоѓкшіі	твоѓкшіама	твоѓкшіамъ
instr.	твоѓкшіѫ	твоѓкшіама	твоѓкшіами
loc.	твоѓкшіі	твоѓкшіоу	твоѓкшіахъ

Ebenso wird das jüngere tvorivъša decliniert: творивъши, творивъши, творивъшѫ u. s. w.

c. Subst. pišta cibus. Thema pištja.

nom.	пишта	пишти	пишта
voc.	пиште	пишти	пишта
acc.	пиштѫ	пишти	пишта
gen.	пишта	пиштоу	пиштъ
dat.	пишти	пиштама	пиштамъ
instr.	пиштѫ	пиштама	пиштами
loc.	пишти	пиштоу	пиштахъ

Adj. košta gracilis.

nom.	кошта	кошти	кошта
voc.	кошта	кошти	кошта
acc.	коштѫ	кошти	кошта u. s. w.

Part. praes. act. hvalęšti laudans. Thema hvalęštja: a geht in i über.

nom.	хвалашти	хвалашти	хвалашта
voc.	хвалашти	хвалашти	хвалашта
acc.	хвалаштѫ	хвалашти	хвалашта
gen.	хвалашта	хвалаштоу	хвалаштъ
dat.	хвалашти	хвалаштама	хвалаштамъ
instr.	хвалаштѫ	хвалаштама	хвалаштами
loc.	хвалашти	хвалаштоу	хвалаштахъ

Der sing. instr. der ā-themen zeigt meist оіѫ statt ѫ. Der dual. nom. auf e ist falsch: дъкъ мелѭщіе sav.-kn. 30. für мелѭщіи ostrom. 83. 147. Der plur. nom. lautet auch auf e aus: ходѧште πορευόμεναι act. 9. 31-slepč.

IV. u-themen.

Die u-themen sind generis masculini.

Subst. synъ filius. Thema synu.

nom.	съінъ	съінъі	съінове
voc.	съіноу	съінъі	съінове
acc.	съінъ	съінъі	съінъі

gen.	сꙑноу	сꙑновоу	сꙑнокъ
dat.	сꙑнови	сꙑнъма	сꙑнъмъ
instr.	сꙑнъмь	сꙑнъма	сꙑнъми
loc.	сꙑноу	сꙑновоу	сꙑнъхъ

ъ kann vor м und х in о übergehen. Der plur. dat. сꙑнъмъ ist bisher nicht belegt.

Die u-themen werden häufig wie a (ъ)-themen behandelt: sing. voc. сꙑне. gen. сꙑна. dat. сꙑноу. das jedoch auf сꙑнови zurückgeht. loc. сꙑнѣ. dual. nom. сꙑна. plur. nom. сꙑни. ov aus u vor der casusendung findet sich auch im plur. acc. сꙑновꙑ pent.. plur. dat. сꙑновомъ tichonr. 2. 214: Thema synovъ. Der dual. gen. сꙑновоу zogr. gehört vielleicht der u-declination an: aind. sūnvōs. Die silbe ov aus u ist auch in die a (ъ)-declination eingedrungen: sing. dat. коговн und daraus коговъ. коговꙑ u. s. w.

Adj. fehlen.

V. i-themen.

Die i-themen sind 1. masculini. 2. feminini generis.

1. Subst. gostь hospes. Thema gosti

nom.	гостъ	гости	гостие
voc.	гости	гости	гостие
acc.	гостъ	гости	гости
gen.	гости	гостию	гостий
dat.	гости	гостьма	гостьмъ
instr.	гостьмь	гостьма	гостьми
loc.	гости	гостию	гостьхъ

Man merke die plur. gen. звѣрь naz. лакътъ ostrom. ногътъ naz.. den plur. dat. звѣрьмъ psalt. saec. XII. und den plur. instr. ногътꙑ zlatostr. saec. XII.

Adj. fehlen. Die auf ь auslautenden adj.-themen sind indeclinabel geworden: двогоубъ. испльнь. прѣкрость. различь. свобо̨дь u. s. w.

2. Subst. kostь os. Thema kosti.

nom.	костъ	кости	кости
voc.	кости	кости	кости
acc.	костъ	кости	кости

gen.	кости	костию	костий
dat.	кости	костьма	костьмъ
instr.	костиѫ	костьма	костьми
loc.	кости	костию	костьхъ

Zur i-declination gehören auch die numeralia trije, tri und četyrije, četyri.

nom.	трие,	четырие	m. три, четыри n. f.
acc.	три,	четыри	
gen.	трий,	четыръ	
dat.	трьмъ,	четырьмъ	
instr.	трьми,	четырьми	
loc.	трьхъ,	четырьхъ	

Ein plur. gen. четырий kömmt nicht vor. Neben четырие findet man четыри (четырие).

Die numeralia cardinalia von петь bis десеть sind i-stämme: десеть hat einige besonderheiten.

nom.	десѧтъ	десѧти	десѧти
acc.	десѧтъ	десѧти	десѧти
gen.	десѧти	десѧтоу	десѧтъ
dat.	десѧти	десѧтьма	десѧтьмъ
instr.	десѧтиѫ	десѧтьма	десѧтьми
loc.	десѧти	десѧтоу	десѧтьхъ

Der sing. acc. lautet десѧте in verbindungen wie три на десѧте tredecim. Neben дъва десѧти findet man дъва десѧте. Der plur. nom. hat auch die form десѧте: четыре десѧте sup. 58. 16; 68. 21; 70. 29; ebenso der plur. acc. ostrom. 23. 183. 184. 185. Selten ist der plur. instr. десѧтьми. Mit дъва десѧти vergleiche man нетомоу десѧти anth. 146. a. десѧтъ zeigt spuren der consonantischen declination.

Auch in der i-declination kann ь vor м und х in е übergehen.

VI. Consonantische themen.

Die consonantischen themen sind 1. v-themen. 2. n-themen. 3. s-themen. 4. t-themen. 5. r-themen.

Teilweise consonantisch sind die bereits behandelten themen der comparative, der part. praet. act. 1. und der part. praes. act.

1. v-themen.

Die v-themen sind generis feminini.

Subst. crъky ecclesia. Thema crъkъv im sing. nom. voc. acc. gen. loc. und im plur. nom. voc. acc. gen.; thema crъkъvь nach der i-declination im sing. dat. instr.: auch der sing. nom. kann nach der i-declination gebildet werden: crъkъvь, crъkъvi. daher auch der sing. acc. crъkъvь neben crъkъve, crъky: dasselbe gilt vom sing. loc.: crъkъva in den casus, deren suffixe mit m oder h anlauten. Der dual. ist unbelegt. Der den consonantischen themen eigentümliche plur. nom. auf e findet sich nur in ev.-bue.: неплодькве: sonst steht überall i statt e.

nom.	црькъı	црькъви	црькъве
voc.	црькъı	црькъви	црькъве
acc.	црькъве	црькъви	црькъве
gen.	црькъве	црькъвию	црькъвъ
dat.	црькъви	црькъвама	црькъвамъ
instr.	црькъвиѫ	црькъвама	црькъвами
loc.	црькъве	црькъвию	црькъвахъ

Es wäre vielleicht richtiger diese declination als eine vocalische auf u aufzufassen: die älteste erreichbare form lautet auf ъ aus: лювъ воую къ комоу aus einer quelle des XIII. jahrh. op. 2. 2. 305. не прьклювъ сътворıшı matth. 19. 18-assem.: erst aus лювъ ist лювъı hervorgegangen. връкь (nsl. krv und kri d. i. кръı) sanguis hat im plur. gen. връвıй, dat. връвлмъ sup. 162. 13. instr. връвьлмı 81. 24: 159. 10. man beachte auch кръввлм prol.-vuk. von връвь.

2. n-themen.

Die n-themen sind a. generis masculini. b. generis neutrius.

a. Subst. kamy m. lapis. Thema kamen im sing. nom. acc. gen. loc., im plur. nom. acc. gen.; kamenь nach der i-declination im sing. nom. voc., im dual. gen.: kamenъ im plur. instr.

nom.	камъı	камеıı	камене
voc.	камеıı	камеıı	камене
acc.	камене	камеıı	камене
gen.	камене	каменıю	каменъ

dat.	камєни	камєнкама	камєнкаѵъ
instr.	камєнкамъ	камєнкама	камєнъми
loc.	камєнє	камєнию	камєнкхъ

Der sing. gen. lautet auch камєни, der plur. nom. камєни, камєнию, der plur. gen. камєний. Den erwarteten dual. gen. loc. камєноу kann ich nicht nachweisen.

Hicher gehört дьнь dies.

nom.	дьнь	дьнии	дьнє
voc.	дьнии	дьни	дьнє
acc.	дьнє	дьни	дьни
gen.	дьнє	дьнию	дьнъ
dat.	дьни	дьнкама	дьнкаѵъ
instr.	дьнкамъ	дьнкама	дьнъми
loc.	дьнє	дьнию	дьнкхъ

Der sing. gen. loc. lautet auch дьни, der plur. nom. дьнию, der plur. gen. дьний, der plur. instr. дьнками. Man merke ноштнѭ и дьнинѭ sup. 214. 18 neben dem alleinstehenden дьнинѭ 419. 26.

b. Subst. имє n. nomen. Thema imen neben imenь und imeno, letzteres namentlich im plur. instr.. arbiträr im dual. nom.

nom.	имѧ	имєни	имєна
voc.	имѧ	имєни	имєна
acc.	имѧ	имєни	имєна
gen.	имєнє	имєноу	имєнъ
dat.	имєни	имєнкама	имєнкаѵъ
instr.	имєнкамъ	имєнкама	имєнъми
loc.	имєни	имєноу	имєнкхъ

ъ vor м und х wird bei den n-themen oft durch є ersetzt. Der sing. gen. der neutralen n-themen lautet auch auf i, der dual. nom. auf ê aus. Einen sing. loc. imene kann ich nicht nachweisen.

3. s-themen.

Die s-themen sind generis neutrius.

Subst. slovo. Thema sloves, wofür auch slovo, slovesь und sloveso eintritt. daher слова, словоу, словомъ u. s. w.

nom.	слово	словєси	словєса
voc.	слово	словєси	словєса

acc.	СЛОВО	СЛОВЕСИ	СЛОВЕСА
gen.	СЛОВЕСЕ	СЛОВЕСОУ	СЛОВЕСЪ
dat.	СЛОВЕСИ	СЛОВЕСЬМА	СЛОВЕСЬМЪ
instr.	СЛОВЕСЬМЬ	СЛОВЕСЬМА	СЛОВЕСЫ
loc.	СЛОВЕСЕ	СЛОВЕСОУ	СЛОВЕСХЪ

Der sing. gen. lautet auch auf i, der dual. nom. auf ě
aus. Selbst der ostrom. hat den sing. loc. НЕБЕСЕ io. 3. 13. Man
merke СЛОВЕ: ЧЬТО ЕСТЪ СЛОВЕ СЕ io. 36. 7-zogr.

Subst. oko oculus, uho auris. Thema očes, ušes, und dafür auch oko, uho, daher ОКА, ОУХА, ОКОУ, ОУХОУ u. s. w. Das
thema des duals ist oči f. uši f., daher ОЧИМА БОЛКЖДАМА.
ОУШИМА РАСЛАБЛЕНИМА naz. ОТЪБРУСТАМА ОЧИМА ἐνετράπησαν
ἐξελάμψων act. 9. 8-slěpč. Doch findet man auch im dual. das
thema očes: ОЧЕСОУ. Ausserdem očesъ: očeso im plur. instr.

nom.	ОКО	ОЧИ	ОЧЕСА
voc.	ОКО	ОЧИ	ОЧЕСА
acc.	ОКО	ОЧИ	ОЧЕСА
gen.	ОЧЕСЕ	ОЧИЮ	ОЧЕСЪ
dat.	ОЧЕСИ	ОЧИМА	ОЧЕСЬМЪ
instr.	ОЧЕСЬМЬ	ОЧИМА	ОЧЕСЫ
loc.	ОЧЕСЕ	ОЧИЮ	ОЧЕСХЪ

nom.	ОУХО	ОУШИ	ОУШЕСА
voc.	ОУХО	ОУШИ	ОУШЕСА
acc.	ОУХО	ОУШИ	ОУШЕСА
gen.	ОУШЕСЕ	ОУШИЮ	ОУШЕСЪ
dat.	ОУШЕСИ	ОУШИМА	ОУШЕСЬМЪ
instr.	ОУШЕСЬМЬ	ОУШИМА	ОУШЕСЫ
loc.	ОУШЕСЕ	ОУШИЮ	ОУШЕСХЪ

4. t-themen.

Die t-themen sind generis neutrius.
Subst. telę. Thema telęt, telętь, telęto.

nom.	ТЕЛѦ	ТЕЛѦТИ	ТЕЛѦТА
voc.	ТЕЛѦ	ТЕЛѦТИ	ТЕЛѦТА
acc.	ТЕЛѦ	ТЕЛѦТИ	ТЕЛѦТА
gen.	ТЕЛѦТЕ	ТЕЛѦТОУ	ТЕЛѦТЪ
dat.	ТЕЛѦТИ	ТЕЛѦТЬМА	ТЕЛѦТЬМЪ
instr.	ТЕЛѦТЬМЬ	ТЕЛѦТЬМА	ТЕЛѦТЫ
loc.	ТЕЛѦТЕ	ТЕЛѦТОУ	ТЕЛѦТХЪ

Der sing. loc. lautet meist auf i aus, doch selbst im ostrom. жрькьат io. 12. 15. Der dual. nom. lautet auch тєлатъ.

5. r-themen.

Die r-themen sind generis femini.

Subst. mati. Thema mater. Im sing acc. tritt auch das thema матерь ein: dasselbe gilt vom dual. gen. und vom plur. nom., daher материю, матери.

nom.	мати	матєри	матєрє
voc.	мати	матєри	матєрє
acc.	матєрє	матєри	матєрє
gen.	матєрє	матєроу	матєръ
dat.	матєри	матєрьми	матєрьмъ
instr.	матєрьж	матєрьми	матєрьми
loc.	матєри	матєроу	матєрьхъ

In 2—5 kann ь vor м und х durch є, nicht durch ѥ ersetzt werden.

ς. Declination der pronomina personalia.

1. azъ ego.

nom.	азъ	вѣ	мъі
acc.	мѧ, мєнє	на	нъі, насъ
gen.	мєнє	наю	насъ
dat.	мьнѣ, ми	нама	намъ, нъі
instr.	мьнож	нама	нами
loc.	мьнѣ	наю	насъ

2. ty tu.

nom.	тъі	ва	въі
acc.	тѧ, тєбє	ва	въі, васъ
gen.	тєбє	ваю	васъ
dat.	тєбѣ, ти	вама	вамъ, въі
instr.	тобож	вама	вами
loc.	тєбѣ	ваю	васъ

3. sę se.

nom.	—
acc.	сѧ, сєбє
gen.	сєбє
dat.	сєбѣ, си

2*

instr. **сокоѭ**

loc. **сиѥ̈к**

Die sing. dat. **ми**, **ти**, **си** und die plur. acc. **нꙑ** und **вꙑ** sind enklitisch: diese können auch für **наллъ** und **в

аллъ** eintreten. In demselben verhältnisse, in welchem **ми** zu **мѥнѥ**, steht **мѧ**, **тѧ**, **сѧ** zu **мѥнѥ**, **тѥбѥ**, **сѥбѥ**. Häufig ist der dual. nom. **вꙑ** für **ва**: zogr. assem. io. 9. 19-nicol. strum. ostrom. meth. -l. Als dual. acc. findet sich **вꙑ** in zogr. sav.-kn. 29. Seltener ist **нꙑ** als dual. nom. für **въ**: **и нꙑ подобнла ѥсвѣ** act. 14. 14-slépè. apost.-ochrid.; als dual. acc. sav.-kn. 18. **на** für **въ** pat.-mih. 175. b.

b. Pronominale declination.

Alle pronominal declinierenden themen lauten auf **ъ** (a) aus.

Die declination wird durch den dem **ъ** vorhergehenden consonanten beeinflusst.

1. Dem **ъ** geht ein harter consonant vorher.

тъ ille.

masc.

nom.	**тъ**	**та**	**ти**
acc.	**тъ**	**та**	**тꙑ**
gen.	**того**	**тоѭ**	**тѣхъ**
dat.	**томоу**	**тѣма**	**тѣмъ**
instr.	**тѣмь**	**тѣма**	**тѣми**
loc.	**томь**	**тоѭ**	**тѣхъ**

neutr.

nom.	**то**	**тѣ**	**та**
acc.	**то**	**тѣ**	**та**
gen.	**того**	**тоѭ**	**тѣхъ**
dat.	**томоу**	**тѣма**	**тѣмъ**
instr.	**тѣмь**	**тѣма**	**тѣми**
loc.	**томь**	**тоѭ**	**тѣхъ**

fem.

nom.	**та**	**тѣ**	**тꙑ**
acc.	**тѫ**	**тѣ**	**тꙑ**
gen.	**тоѩ**	**тоѭ**	**тѣхъ**
dat.	**той**	**тѣма**	**тѣмъ**

instr. тоѭ · ткма · ткми

loc. той · тоѥ · ткхъ

Man merke den archaismus тѫ plur. acc. masc. illos cloz I. 77, der mit dem part. praes. act. грѧдѧ auf einer linie steht; тє marc. 8. 1; luc. 5. 35; 21. 23. тꙗи luc. 6. 12-nicol. sind jedoch serb. ursprungs.

Nach тъ werden decliniert овъ hic, онъ ille, инъ alius, къ (sing. nom. къто) quis und никъто nemo, нѣкъто aliquis, къжъдо quivis, самъ ipse, сикъ talis, такъ talis, какъ qualis interrog. jакъ qualis relat. вьсакъ quivis, jединъ in der bedeutung unus. два duo, оба ambo: die letzten zwei wörter natürlich nur im dual. Ausserdem können коликъ quantus, толикъ tantus und wol auch selikъ tantus in den casus, deren suffixe consomantisch anlauten, pronominal decliniert werden: толицѣмь, толицѣхъ u. s. w. Singulär ist толикоѩ luc. 7. 9-zogr. Was von коликъ, gilt von малъ dann, wenn es pauci bedeutet, und von нъмногъ u. s. w. jетеръ quidam wird nominal decliniert.

nom. къто · dat. комоу

gen. кого · instr. цѣмь

acc. кого · loc. комь

кл (нечлик) steht vielleicht für кмь: dagegen darf aus цѣмь имєнємь ἐν ποίῳ ἐνόματι šiš. 8. und aus комоуждо ск-мєни ἑκάστῳ τῶν σπερμάτων šiš. 94. auf ein sonst unnachweisbares neutr. ко geschlossen werden.

II. Dem ъ geht j und diesem ein vocal vorher. ъ fällt ab. моj meus. Thema моjъ.

masc.

nom. мой · моꙗ · мои

acc. мой · моꙗ · моѧ

gen. моѥго · моѥю · моихъ

dat. моѥмоу · моима · моимъ

instr. моимь · моима · моими

loc. моѥмь · моѥю · моихъ

neutr.

nom. моѥ · мои · моꙗ

acc. моѥ · мои · моꙗ

gen. моѥго · моѥю · моихъ

dat. моѥмоу · моима · моимъ

instr.	моимь	моима	моими
loc.	моемь	моею	моихъ

fem.

nom.	моꙗ	мои	моꙗ
acc.	моѭ	мои	моꙗ
gen.	моеѩ	моею	моихъ
dat.	моеи	моима	моимъ
instr.	моеѭ	моима	моими
loc.	моеи	моею	моихъ

Der sing. gen. fem. hat auch eine kürzere form: твоꙗ. своꙗ assem.: ebenso der sing. dat. fem.: твои cloz II. 107. свои assem. Vergl. auch den dual. gen. loc. свою: на роукоу свою понеслꙗ еси izv. 441. Dagegen plur. acc. masc. своеѩ marc. 13. 27-zogr.

Darnach werden decliniert tvoj tuus. svoj suus. i aus jъ is, selten qui: letzteres wird regelmässig durch ize ausgedrückt. kъi quis. čij cuius: die numeralia dvoj, oboj, troj: ebenso vъsjakoj: отъ въсъккого длъга ab omni debito men.-buc. 98.

i is. Thema jъ.

masc.

nom.	и	ꙗ	и
acc.	и	ꙗ	ꙗ
gen.	его	ею	ихъ
dat.	емоу	има	имъ
instr.	имь	има	ими
loc.	емь	ею	ихъ

neutr.

nom.	е	и	ꙗ
acc.	е	и	ꙗ
gen.	ею	ею	ихъ
dat.	емоу	има	имъ
instr.	имь	има	ими
loc.	емь	ею	ихъ

fem.

nom.	ꙗ	и	ꙗ
acc.	ѭ	и	ꙗ
gen.	еꙗ	ею	ихъ
dat.	еи	има	имъ

instr.   ѥѭ   ѥѭ   ѩми

loc.   ѥй   ѥю   иҳ҄ъ

Dieses thema wird im nom. durch оиѥ ersetzt. Das mit
že verbundene i hat auch einen nom. Neben ѥѭ, ѥѩ, ѥй, ѥѭ
besitzt die sprache kürzere formen: ю, ѩ, и, ѩ, die in der
zusammengesetzten declination an das adjectiv angehängt werden.
Seltener sind diese formen ausser der verbindung mit adjec-
tiven: ѩ zogr. и für ѥй: слава и ѥстъ slépé. ꙗ für ѥѩ
findet sich nur nicol., da jedoch siebenmal. Ungewöhnlich ist
ѥю (ѥѭ) für ѩ prol.-rad. Nach praepositionen lautet der sing.
acc. masc. ꙋ, daher на нѥ aus na njь.

Къи qui. КъиѬждо, КъиѬждѥ quivis. ниКъи, никъиждѥ
nullus, nemo. Thema кꙑи, dessen 'к vor и zu 'ки verstärkt
werden kann, vor je in o übergeht. Kaja, kaja und kyje sind
zusammengesetzte formen; koj ist unbelegt.

masc.

nom.	Къи	ка‍ꙗ	ции
acc.	Къи	ка‍ꙗ	КъиѬ
gen.	коѥго	коѥю	Къихъ
dat.	коѥмоу	КъимА	Къимъ
instr.	Къимь	КъимА	Къими
loc.	коѥмь	коѥю	Къихъ

neutr.

nom.	коѥ	кои	ка‍ꙗ
acc.	коѥ	кои	ка‍ꙗ
gen.	коѥю	коѥю	Къихъ
dat.	коѥмоу	КъимА	Къимъ
instr.	Къимь	КъимА	Къими
loc.	коѥмь	коѥю	Къихъ

fem.

nom.	ка‍ꙗ	кои	КъиѬ
acc.	КъѭѬ	кои	КъиѬ
gen.	коѥѩ	коѥю	Къихъ
dat.	коѥй	КъимА	Къимъ
instr.	коѩ	КъимА	Къими
loc.	коѥй	коѥю	Къихъ

Statt коѥй findet man кои im jüngeren teile des zogr.
Man merke кои (отъ обоѥ) zogr. коиҳъ zogr. коимъ сло-

КОЛУК) slêpě. Der plur. nom. masc. ЦИИ hat die bedeutung von qui relat. und quidam.

III. Dem ъ geht j und diesem ein consonant vorher.

сь hic. Thema сјъ.

masc.

nom.	сь	сиıа	сии
acc.	сь	сиıа	сиıа
gen.	сего	сею	сихъ
dat.	семоу	сима	сиıа
instr.	симь	сима	сими
loc.	семь	сею	сихъ

neutr.

nom.	се	сии	сии
acc.	се	сии	сии
gen.	сего	сею	сихъ
dat.	семоу	сима	сиıа
instr.	симь	сима	сими
loc.	семь	сею	сихъ

fem.

nom.	сии	сии	сиıа
acc.	сиıа	сии	сиıа
gen.	сеıа	сею	сихъ
dat.	сеи	сима	сиıа
instr.	сеıа	сима	сими
loc.	сеи	сею	сихъ

Selten ist sing. loc. masc. neutr. сиемь. der sing. gen. fem. сеи für сеıа nicol. und der sing. loc. fem.: си in: си нощи hac nocte men.-mih. ist zu vergleichen mit ieи für ieıa und mit и für ieи.

Danach werden decliniert еъ (sing. nom. neutr. еъто) quid. сиеь talis. нашь noster. вашь vester. Regelmässig auch тиждь štuždь alienus. такоvьsь talis in ТАКОВЬСАIА plur. acc. masc. cloz 1. 104. erinnert an nsl. takši talis.

еъто quid. Thema еъ.

nom.	чьто
acc.	чьто
gen.	чьсо, чьсого, чесо, чесого
dat.	чемоу, чьсомоу, чесомоу

instr. чимь

loc. чемь, чьсомь, чесомь

Man merke ничьже naz. und nsl. nič nihil.

vьsь omnis. Thema vьsjь.

masc.

nom.	вьсь	вьси
acc.	вьсь	вьсѧ
gen.	вьсего	вьсѣхъ
dat.	вьсемоу	вьсѣмъ
instr.	вьсѣмь	вьсѣми
loc.	вьсемь	вьсѣхъ

neutr.

nom.	вьсе	вьса
acc.	вьсе	вьса
gen.	вьсего	вьсѣхъ
dat.	вьсемоу	вьсѣмъ
instr.	вьсѣмь	вьсѣми
loc.	вьсемь	вьсѣхъ

fem.

nom.	вьса	вьсѧ
acc.	вьсѫ	вьсѧ
gen.	вьсеѧ	вьсѣхъ
dat.	вьсеи	вьсѣмъ
instr.	вьсеѭ	вьсѣми
loc.	вьсеи	вьсѣхъ

вьсь nimmt 'k an: daher sing. instr. masc. вьсѣмь u. s.
w. Ein acc. sing. fem. вьсиѫ kömmt nicht vor; eben so wenig
in sing. nom. fem. oder plur. nom. neutr. вьси: letzterer lautet
вьса oder вьсѧ.

c. Zusammengesetzte declination.

Um alle verschiedenheiten der zusammengesetzten declination zur anschauung zu bringen, ist die aufstellung folgender
paradigmen hinreichend: 1. dobrъi. 2. veliji. 3. doblij. 4. dobréji.
5. tvorij. 6. hvalej.

1. dobrъi bonus ἀγαθός: dobrъ ἀγαθός.

masc.

nom.	доврꙑи	доврꙑꙗ	доврии
acc.	доврꙑи	доврꙑꙗ	доврꙑꙗ

gen.	добраего	доброую	добрꙑихъ
dat.	доброуемоу	добрꙑима	добрꙑимъ
instr.	добрꙑимь	добрꙑима	добрꙑими
loc.	добрѣиемь	доброую	добрꙑихъ

neutr.

nom.	доброе	добрꙑи	добраꙗ
acc.	доброе	добрꙑи	добраꙗ
gen.	добраего	доброую	добрꙑихъ
dat.	доброуемоу	добрꙑима	добрꙑимъ
instr.	добрꙑимь	добрꙑима	добрꙑими
loc.	добрѣиемь	доброую	добрꙑихъ

fem.

nom.	добраꙗ	добрꙑи	добрꙑꙗ
acc.	добрѫѭ	добрꙑи	добрꙑꙗ
gen.	добрꙑꙗ	доброую	добрꙑихъ
dat.	добрѣи	добрꙑима	добрꙑимъ
instr.	добрѫѭ	добрꙑима	добрꙑими
loc.	добрѣи	доброую	добрꙑихъ

2. veliji magnus ὁ μέγας: velij μέγας.

masc.

nom.	велии	великꙑи	велии
acc.	велии	великꙑи	великꙑꙗ
gen.	великꙑего	великою	великꙑхъ
dat.	великꙑемоу	великꙑма	великꙑмъ
instr.	великꙑмь	великꙑма	великꙑми
loc.	великꙑмь	великою	великꙑхъ

neutr.

nom.	великое	велии	великꙑꙗ
acc.	великое	велии	великꙑꙗ
gen.	великꙑего	великою	великꙑхъ
dat.	великꙑемоу	великꙑма	великꙑмъ
instr.	великꙑмь	великꙑма	великꙑми
loc.	великꙑмь	великою	великꙑхъ

fem.

nom.	великꙑꙗ	велии	великꙑꙗ
acc.	великѫѭ	велии	великꙑꙗ
gen.	великꙑꙗ	великою	великꙑхъ
dat.	велии	великꙑма	великꙑмъ

instr.	кѣлиѥѭ	кѣлиѥѭ	кѣлиѥми
loc.	кѣли	кѣлиою	кѣлиихъ

3. dobłij fortis ὁ γενναῖος: dobłь γενναῖος.

masc.

nom.	доклꙑи	доклꙑꙗ	доклꙑи
acc.	доклꙑи	доклꙑꙗ	доклꙑꙗ
gen.	доклꙑиего	доклꙑюю	доклꙑихъ
dat.	доклꙑюемоу	доклꙑимꙑ	доклꙑимъ
instr.	доклꙑимь	доклꙑимꙑ	доклꙑими
loc.	доклꙑимь	доклꙑюю	доклꙑихъ

neutr.

nom.	доклꙑеіе	доклꙑи	доклꙑꙗ
acc.	доклꙑеіе	доклꙑи	доклꙑꙗ
gen.	доклꙑꙗего	доклꙑюю	доклꙑихъ
dat.	доклꙑюемоу	доклꙑимꙑ	доклꙑимъ
instr.	доклꙑимь	доклꙑимꙑ	доклꙑими
loc.	доклꙑимь	доклꙑюю	доклꙑихъ

fem.

nom.	доклꙑꙗ	доклꙑи	доклꙑꙗ
acc.	доклꙑѭ	доклꙑи	доклꙑꙗ
gen.	доклꙑꙗ	доклꙑюю	доклꙑихъ
dat.	доклꙑи	доклꙑимꙑ	доклꙑимъ
instr.	доклꙑѭ	доклꙑимꙑ	доклꙑими
loc.	доклꙑи	доклꙑюю	доклꙑихъ

4. Comparativ dobréji melior ὁ βελτίων: dobréj βελτίων
доврѣи halte ich für die nominale, доврѣи für die zusammengesetzte form des comparativs: стaрѣи ὁ πρεσβύτερος luc. 15. 25
ostrom. lese ich dreisylbig. крѣплꙑи ist demnach ἰσχυρότερος,
крѣплꙑи hingegen ὁ ἰσχυρότερος, daher etwa: идетъ крѣплꙑи
мене ἔρχεται ὁ ἰσχυρότερος μου luc. 3. 16-sav.-kn. 144. доврѣи kann
durch доврѣишии ersetzt werden. vergl. мкнии ὁ νεώτερος luc.
15. 12: 15. 13-ostrom.: мнии wäre νεώτερος. колии μείζων io.
8. 53: 10. 29: 13. 16-ostrom. ist колии. vergl. grammatik IV.
seite 124.

masc.

nom.	доврѣи	доврѣишꙗꙗ	доврѣишеи
acc.	доврѣишии	доврѣишꙗꙗ	доврѣишꙗꙗ
gen.	доврѣишꙗего	доврѣишоую	доврѣишихъ u. s. w.

28   Declin. zusammengesetzt.

neutr.

nom. добр҆кꙑнеіе   добр҆кꙑннꙑй   добр҆кꙑнꙑꙗ
acc. добр҆кꙑнеіе   добр҆кꙑннꙑй   добр҆кꙑнꙑꙗ
gen. добр҆кꙑнꙑего   добр҆кꙑноую   добр҆кꙑннꙑхъ u. s. w.

fem.

nom. добр҆кꙑнꙑ   добр҆кꙑннꙑй   добр҆кꙑнаꙗ
acc. добр҆кꙑнꙗꙗ   добр҆кꙑннꙑй   добр҆кꙑнаꙗ
gen. добр҆кꙑнаꙗ   добр҆кꙑноую   добр҆кꙑннꙑхъ u. s. w.

Ein sing. nom. neutr. добр҆кіеіе kömmt nicht vor; wol
aber findet man горее assem. коліеіе. каціеіе. мкінеіе naz.
хоу҆ждіе τὸν ἐλάσσω (οἶνον) ostrom. Neben коліеіе sup. 408, 12.
liest man колкꙑнее 233, 6, vergl. grammatik III, seite 81.
Einen plur. nom. neutr. добр҆кꙑннꙑꙗ kann ich nicht belegen.

5. Part. praet. act. I. tvorij ὁ ποιήσας: tvorь ποιήσαϛ.

masc.

nom. ткорꙑй   ткорꙑнꙑꙗ   ткорꙑней
acc. ткорꙑннꙑй   ткорꙑнꙑꙗ   ткорꙑнꙗꙗ
gen. ткорꙑнꙑего   ткорꙑноую   ткорꙑннꙑхъ u. s. w.

neutr.

nom. ткорꙑнеіе   ткорꙑннꙑй   ткорꙑнꙑꙗ
acc. ткорꙑнеіе   ткорꙑннꙑй   ткорꙑнꙑꙗ
gen. ткорꙑнꙑего   ткорꙑноую   ткорꙑннꙑхъ u. s. w.

fem.

nom. ткорꙑнꙑ   ткорꙑннꙑй   ткорꙑнꙗꙗ
acc. ткорꙑнꙗꙗ   ткорꙑннꙑй   ткорꙑнꙗꙗ
gen. ткорꙑнꙗꙗ   ткорꙑноую   ткорꙑннꙑхъ u. s. w.

Der plur. nom. masc. lautet auch auf нꙑй aus: съткорꙑ-
ннꙑй ostrom.

6. Part. praes. act. hvalej ὁ ἐπαινῶν: hvalę ἐπαινῶν.

masc.

nom. ховалꙑй   хвалꙑнꙑꙗ   хвалꙑнтей
acc. хвалꙑнтꙑй   хвалꙑнтꙑꙗ   хвалꙑнтꙗꙗ
gen. хвалꙑнтꙑего   хвалꙑнтоую   хвалꙑнтꙑхъ u. s. w.

neutr.

nom. хвалꙑнтеіе   хвалꙑнтꙑй   хвалꙑнтꙑꙗ
acc. хвалꙑнтеіе   хвалꙑнтꙑй   хвалꙑнтꙑꙗ
gen. хвалꙑнтꙑего   хвалꙑнтоую   хвалꙑнтꙑхъ u. s. w.

fem.

nom. ХВАЛАШТИИ   ХВАЛАШИТИЙ   ХВАЛАШИТАІА

acc. ХВАЛАШИТАІА ХВАЛАШИТИЙ   ХВАЛАШИТАІА

gen. ХВАЛАШИТАІА ХВАЛАШИТОУЮ ХВАЛАШИТИИХ'Ь u. s. w.

Als regel gilt wol ХВАЛАШИТИЕ, obgleich formen wie
ХВАЛАІЕ in russischen quellen vorkommen: ПОСЛАІЕ τὸ φέρον.
РАСТАІЕ wol τὸ αὔξανον. ШИТАІАІЕ (ШИТГАЛЕ) τὸ τρέφον. РАЗДРЬК-
ШИАІАІЕ СА τὸ λούμενον. СЪКЛАДКИШАІАІЕ τὸ σκανδαλίζον. ПРѢСТАІАІЕ
τὸ παύόμενον. ПОКАШИАІАІЕ τὸ ἀνακαῦον. ПРАЗНОУІАІЕ τὸ ἑορτάζον. Vostokovъ. grammatika seite 74: wenn jedoch behauptet wird,
ГРАДУКИЙ sei die zusammengesetzte form für das neutr., so ist
dies wenigstens in einer der als beleg angeführten stellen nicht
der fall: АШІЦЕ ІЕГО ВЪ ГРАДУКИИ ВЪ ІЕРОУСАЛИМЪ τὸ πρόσωπον
αὐτοῦ ἦν πορευόμενον εἰς Ἱερουσαλήμ. luc. 9. 53. aus dem evangelium 1164. Vostokovъ ibid. Plur. nom. neutr. ГРАДѦЦИАЛИ
ostrom.: älter ist die form auf ija: ДѪКВА СТОІЕЦИИА mladén.

Die formen der zusammengesetzten declination zerfallen
in zwei classen, je nachdem das adjectiv und das pronomen
jъ decliniert werden oder das erstere in seiner thematischen
form auftritt: jenes findet statt im sing. gen. masc. neutr.
ДОБРАІЕГО, wenn es nicht richtiger ist ДОБРА von ІЕГО zu
trennen, woraus durch zusammenrückung und assimilation
ДОБРААГО und aus diesem durch zusammenziehung ДОБРАГО:
sing. dat. masc. neutr. ДОБРОУІЕМОУ, ДОБРОУ ІЕМОУ, daraus
ДОБРОУОУМОУ, ДОБРОУМОУ: sing. loc. masc. neutr. ДОБРҌІЕМЬ,
ДОБРѢ ІЕМЬ, daraus ДОБРѢѢМЬ, ДОБРѢѦМЬ, ДОБРѢМЬ: sing.
acc. fem. ДОБРѪІѪ, ДОБРѪ ІѪ u. s. w. sing. loc. masc. neutr.
ВЕЛИІѦМЬ aus ВЕЛИИ und ІЕМЬ neben dem überraschenden ПРҶ-
ЛЮБОДҶКИІѦМЬ: ВЪ РОДҶ ПРҶКЛЮБОДҶКИІѦМЬ marc. 8. 38-zogr. aus
ПРҶКЛЮБОДҶКИ und ІЕМЬ: plur. gen. ВЕЛИИХ'Ь aus ВЕЛИЙ und
ИХ'Ь: sing. nom. masc. ДОБЛИЙ aus ДОБЛЬ und И: sing. loc.
masc. und neutr. ДОБЛИИМЬ aus ДОБЛИ und ІЕМЬ, daneben das
seltene ГОРКИИІЕМЬ aus ГОРКИИ und ІЕМЬ: plur. gen. ДОБЛИИХ'Ь
aus ДОБЛЬ und ИХ'Ь u. s. w. In andern formen wird das pronomen
jъ decliniert, während das adj. in der thematischen form dobrъ,
velijъ und dobljъ beharrt: sing. instr. masc. neutr. ДОБРҞИМЬ,
überhaupt in allen casus, deren suffixe consonantisch anlauten,
daher im dual. dat. und instr., im plur. dat., instr. und loc.:
ДОБРҞИМА, ДОБРҞИМЪ, ДОБРҞИМИ, ДОБРҞИХ'Ь aus ДОБРҞ und

нала u. s. w.: im sing. masc. neutr. вєлиилик: im dual. dat.
instr. вєлиилла; im plur. loc. вєлиих҃к: im sing. instr. ѧобли-
нлик: im plur. loc. ѧоблиих҃к aus velijъ und imъ: dobljъ und
ilrъ u. s. w. Die in den allerältesten denkmälern nicht selten
auftauchenden formen скслиптви҃х, клжиптвилик сѧ, твор҃к-
ишилик beruhen auf den themen sъsaštjъ, kajaštjъ, tvorъšjъ,
an welche ilrъ, imъ und imъ antreten.

     An die stelle des 'ки, 'ки der glagolitischen und anderer
älterer quellen tritt in anderen, sogar in denselben denkmälern
'кий ein, indem vor j der von Lepsius durch ę bezeichnete laut
zu 'ки verstärkt wird, welches überhaupt keinen anderen als
diesen ursprung hat, nicht etwa als reflex des aind. ū anzusehen
ist: daher ѧобр҃кий, ѧобр҃кийлик, ѧобр҃кийлла u. s. w. Selbst im
ostromir. findet man оу҃лик р҃кий neben оу҃лик р҃кий, нос҃клли҃к кии
und нос҃клли҃к ки, принк҃ли ҃кии und рви҃кий, нарицлели҃кки, ієѧи-
ночлѧ҃кки. Der sing. instr. fem. lautet nicht blos in jüngeren
quellen auf ои҃ѫ aus: dadurch wird die zusammengesetzte form
mit der nominalen identisch. Die geltung des и als j in ѧо-
бр҃кий u. s. w. ist hier wie in allen anderen fällen sache der
theorie, da die ältesten quellen kein й kennen.

B. Conjugation.

Die conjugation ist zweifach: a. mit thematischem vocal. b. ohne thematischen vocal. Diese verschiedenheit ist auf das praesens und den imperativ beschränkt.

a. Conjugation mit thematischem vocal.

Die verschiedenheit der conjugation mit thematischem vocal ist durch die natur des thema bedingt. Dieses ist entweder primär oder abgeleitet. Die primären themen bilden die erste classe. Die abgeleiteten themen zerfallen nach dem suffixe, durch welches sie von wurzeln, verbal- oder nominal-themen abgeleitet sind, in fünf classen: II. nǫ. III. ě. IV. i. V. a. VI. ov-a aus u-a. Die III. und V. classe zerfallen nach massgabe des praesensthema in gruppen, die III. in zwei, die V. in vier. Die suffixe nǫ, ě, a können sowol an wurzeln, als auch an nominal- oder verbal-themen, die suffixe i und ova nur an nominal- oder verbal-themen gefügt werden: die ersteren verba nennen wir primär, wie die der ersten classe, die letzteren secundär.

Erste classe.

Das infinitivthema ist ein primärer verbalstamm.

Um alle verschiedenheiten der conjugation zur anschauung zu bringen, werden sieben paradigmen aufgestellt.

Praesensthema: primäres verbalthema mit thematischem vocal: ved-e. nes-e. greb-e. pek-e. pьn-e. bij-e. mr-e.

1. Erstes paradigma.
α. Praesensthema ved-e.
Praes.

1.	ВЕДѪ	ВЕДЕВѢ	ВЕДЕМЪ
2.	ВЕДЕШИ	ВЕДЕТА	ВЕДЕТЕ
3.	ВЕДЕТЪ	ВЕДЕТЕ	ВЕДѪТЪ

Imperat.

1.	—	ВЕДѢВѢ	ВЕДѢМЪ
2.	ВЕДИ	ВЕДѢТА	ВЕДѢТЕ
3.	ВЕДИ	ВЕДѢТА	ВЕДѢТЕ

Imperf.

1.	ВЕДѢАХЪ	ВЕДѢАХОВѢ	ВЕДѢАХОМЪ
2.	ВЕДѢАШЕ	ВЕДѢАШЕТА	ВЕДѢАШЕТЕ
3.	ВЕДѢАШЕ	ВЕДѢАШЕТЕ	ВЕДѢАХѪ

Part. praes. act. ВЕДѪ, ВЕДЪІ. pass. ВЕДОМЪ.
β. Infinitivthema ved.
Einfacher aor.

1.	ВЕДЪ	ВЕДОВѢ	ВЕДОМЪ
2.	ВЕДЕ	ВЕДЕТА	ВЕДЕТЕ
3.	ВЕДЕ	ВЕДЕТЕ	ВЕДѪ

Zusammengesetzter aor. I.

1.	ВѢСЪ	ВѢСОВѢ	ВѢСОМЪ
2.	—	ВѢСТА	ВѢСТЕ
3.	—	ВѢСТЕ	ВѢСѦ

Zusammengesetzter aor. II.

1.	ВЕДОХЪ	ВЕДОХОВѢ	ВЕДОХОМЪ
2.	ВЕДЕ	ВЕДОСТА	ВЕДОСТЕ
3.	ВЕДЕ	ВЕДОСТЕ	ВЕДОШѦ

Part. praet.
Act. I. ВЕДЪ   II. ВЕЛЪ
Pass. ВЕДЕНЪ
Sup. ВЕСТЪ   inf. ВЕСТИ

Die II. und III. aor. ВЕДЕ kann sowol aus ved-e-s und ved-e-t als auch aus ved-e-s-s und ved-e-s-t entstanden sein: sie wird daher sowol unter den einfachen als auch unter zusammengesetzten aor. II. gestellt. Das s des aor. geht zwischen vocalen in h über, daher das spätere -smo für -homъ.

Das thema ВЬД fieri, esse bildet praes. imperat. imperf. part. praes. act.

praesensthema bạd-e.

praes. 1. кѧⷣⷧѧ. imperat. 1. — 2. кѧⷣⷧи. imperf. 1. кѧⷣⷦⷶⷯъ. part. praes. act. кѧⷣⷧѧ, кѧⷣⷧъі.

Die form кѧⷣⷧѧ ist das einzige beispiel eines wirklichen imperativs (optativs) in der III. plur., die sonst, wie im sing. (никтоже не кѧⷧиⷦⷶⷤ кⷶⷧⷶ нѡⷶⷲ u. s. w. anth.), entweder durch die II. plur. imperat. oder aber durch die III. plur. praes. mit der conjunction ⷣⷶ ersetzt wird: кѧⷣⷧѧ чⷬⷬⷦⷰⷧⷶ кⷶⷯⷶ прⷬⷦⷰнⷩⷭⷧⷶⷯⷶ ἔστωσαν αἱ ὀσφύες ὑμῶν περιεζωσμέναι luc. 12. 35-zogr. assem. sav.-kn. кѧⷣⷧѧ ist bạd-e-i-nt: um ạt aus ênt zu begreifen, erinnere man sich an кⷶⷯⷶⷴⷶ aus bi-j-e-i-te. In den paradigmen fungiert auch im dual. die II. für die III, was ich jedoch nicht zu belegen, sondern nur durch den gleichen gebrauch im nsl. einigermassen zu rechtfertigen vermag.

Das thema id ire bildet ausser den praesensformen den einfachen, sowie den zusammengesetzten aor.: praes. иⷣⷧѧ. imperat. иⷣⷧи. imperf. иⷣⷦⷶⷯъ. part. praes. act. иⷣⷧѧ, иⷣⷧъі. einfacher aor. иⷣⷯъ. zusammengesetzter aor. иⷣⷪⷯъ. Dem inf. liegt das thema i zu grunde: ити; eben so dem aus dem subst. verbale скⷶⷯⷶⷴⷶⷤ descensio, concursus erschlossenen part. praet. pass. итⷯъ. Die beiden part. praet. act. werden vom thema шⷶⷣⷧ gebildet: шⷶⷣⷯъ. шⷶⷧⷯъ. Das subst. скⷶⷯⷶⷦⷭⷶⷴⷶⷤ setzt ein part. praet. pass. шⷶⷦⷭⷶⷴⷶⷯъ voraus.

Das thema rêt (obrêt invenire. sъrêt obviam fieri) bildet die infinitivtempora von rêt: einfacher aor. оⷠⷬⷦⷶⷯъ. zusammengesetzter aor. II. оⷠⷬⷦⷶⷯⷤⷯъ u. s. w.: die praesenstempora haben zum thema obrętje, nach V. 2: praes. оⷠⷬⷶⷲⷶⷶⷯⷧѧ. imperat. оⷠⷬⷶⷲⷶⷶⷯⷶ. imperf. оⷠⷬⷶⷲⷶⷶⷯⷯⷶⷴⷶⷯъ: оⷠⷬⷦⷶⷯⷯⷶⷴⷶⷯъ beruht auf оⷠⷬⷦⷶⷯⷴ V. 1. In serb. quellen findet man das praes. оⷠⷬⷦⷶⷯⷶⷮⷤⷧⷶ inveniemus šiš. 144.

Das thema jad edere bildet die infinitivformen.

Zusammengesetzter aor. 1.

1.	ѣⷭъ	ѣⷭⷪⷠⷦ	ѣⷭⷪⷧⷭъ
2.	ѣⷭⷮъ	ѣⷭⷮⷶ	ѣⷭⷮⷤ
3.	ѣⷭⷮъ	ѣⷭⷮⷤ	ѣⷭⷶ

Zusammengesetzter aor. 1. h für s.

1.	ѣⷯъ	ѣⷯⷪⷠⷦ	ѣⷯⷪⷧⷭъ
2.	ѣⷭⷮъ	ѣⷭⷮⷶ	ѣⷭⷮⷤ
3.	ѣⷭⷮъ	ѣⷭⷮⷤ	ѣⷲⷲⷶ

3

Zusammengesetzter aor. II.

1. ꙗдохъ   ꙗдоховѣ   ꙗдохомъ
2. ꙗде   ꙗдоста   ꙗдосте
3. ꙗде   ꙗдосте   ꙗдоша

Part. praet.

Act. I. ꙗдъ   II. ꙗлъ

Pass. ꙗденъ

Sup.   ꙗстъ   inf. ꙗсти

Die II. und III. sing. ist ꙗ, gleichgiltig, ob die I. sing. ꙗсъ oder ꙗхъ lautet. Die ältere II. und III. sing. lautet ꙗстъ zogr.: die III. plur. ist ·кса (ꙗсъ) und ·киша (ꙗхъ) assem. Den zusammengesetzten aor. II. ꙗдохъ kann ich in den älteren quellen nicht nachweisen; auch der einfache aor. ꙗхъ edi scheint nicht vorzukommen: ꙗхъ bedeutet vectus sum von der wurzel jad vehi.

Das thema jad vehi bildet ausser den praesensformen den einfachen, so wie den zusammengesetzten aor. und das part. praet. act. I: praes. ꙗдѫ. imperat. ꙗди. imperf. ꙗдꙗхъ. part. praes. act. ꙗда, ꙗдꙑ. einfacher aor. ꙗхъ. zusammengesetzter aor. ꙗдохъ. part. praet. act. I. ꙗдъ. Vergl. pol. jał zof. Dem part. praet. act. I. liegt auch ja zu grunde: ꙗкъ. Das thema jaha bildet den imperat. ·кꙑди ἐπιϐέϐηϰε luc. 5. 4-zogr., das part. praet. act. I. прѣкꙑкаикъ assem., so dass das part. praet. act. I. in drei formen vorkömmt: прѣкꙑдꙑии act. 27. 5. прѣкъкꙑии act. 27. 16, 28; 28. 12 u. s. w. hval.

2. Zweites paradigma.

α. Praesensthema nes-e.

Praes.

1. несꙑ   несекъ   несеꙑвъ
2. несеиии   несета   несете
3. несетъ   несете   несꙗтъ

Imperat.

1. —   нескиъ   нескꙑвъ
2. неси   нескта   нескте
3. неси   нескта   нескте

Imperf.

1. несꙑкꙑхъ   несꙑкꙑовъ   несꙑкꙑовꙑъ
2. несꙑкꙑше   несꙑкꙑиета   несꙑкꙑиете
3. несꙑкꙑше   несꙑкꙑиете   несꙑкꙑхꙑ

Part. praes.

Act. несѧ, несы   pass. несомъ

β. Infinitivthema nes.

Einfacher aor.

1.	несъ	несовѣ	несомъ
2.	несе	несета	несете
3.	несе	несете	несѧ

Zusammengesetzter aor. I.

1.	ѫкєъ	ѫксовѣ	ѫксомъ
2.	—	ѫксета	ѫксете
3.	—	ѫксете	ѫксѧ

Zusammengesetzter aor. II.

1.	несохъ	несоховѣ	несохомъ
2.	несе	несоста	несосте
3.	несе	несосте	несошѧ

Part. praet.

Act. I. несъ   II. неслъ

Pass. несенъ

Sup. нестъ   inf. нести

3. Drittes paradigma.

α. Praesensthema greb-e.

Praes.

1.	гребѧ	гребевѣ	гребемъ
2.	гребеши	гребета	гребете
3.	гребетъ	гребете	гребѧтъ

Imperat.

1.	—	гребѣвѣ	гребѣмъ
2.	греби	гребѣта	гребѣте
3.	греби	гребѣта	гребѣте

Imperf.

1.	гребѣахъ	гребѣаховѣ	гребѣахомъ
2.	гребѣаше	гребѣашета	гребѣашете
3.	гребѣаше	гребѣашете	гребѣахѫ

Part. praes.

Act. гребѧ, гребы   pass. гребомъ

β. Infinitivthema greb.

Einfacher aor.

1.	гребъ	гребовѣ	гребомъ
2.	гребе	гребета	гребете
3.	гребе	гребете	гребѧ

3*

Zusammengesetzter aor. I.

1.	рѣкъ	рѣксовѣ	рѣксомъ
2.	—	рѣкста	рѣксте
3.	—	рѣксте	рѣсѧ

Zusammengesetzter aor. II.

1.	гребохъ	гребоховѣ	гребохомъ
2.	гребе	гребоста	гребосте
3.	гребе	гребосте	гребошѧ

Part. praet.

Act. I. гребъ   II. греблъ

Sup. гретъ   inf. грети

Das thema živ vivere hat in der II. und III. sing. aor. житъ, als ob das thema ži wäre.

4. Viertes paradigma.

x. Praesensthema pek-e.

Praes.

1.	пекѫ	печевѣ	печемъ
2.	печеши	печета	печете
3.	печетъ	печете	пекѫтъ

Imperat.

1.	—	пьцѣвѣ	пьцѣмъ
2.	пьци	пьцѣта	пьцѣте
3.	пьци	пьцѣта	пьцѣте

Imperf.

1.	печаахъ	печааховѣ	печаахомъ
2.	печааше	печаашета	печаашете
3.	печааше	печаашете	печаахѫ

Part. praes.

Act. пекы   pass. пекомъ

ʒ. Infinitivthema pek.

Einfacher aor.

1.	врѣгъ	врѣговѣ	врѣгомъ
2.	врѣже	врѣжета	врѣжете
3.	врѣже	врѣжете	врѣгѧ

Zusammengesetzter aor. I. h für s.

1.	рѣхъ	рѣховѣ	рѣхомъ
2.	—	рѣста	рѣсте
3.	—	рѣсте	рѣшѧ

Zusammengesetzter aor. II.

1. некохъ   некохов҄к   некохомъ
2. нече   некоста   некосте
3. нече   некосте   некошѧ

Part. praet.

Act. I. некъ   II. неклъ

Pass. нечен҄к

Sup. нештъ   inf. нешти

5. Fünftes paradigma.

ɑ. Praesensthema пьн-е.

Praes.

1. пьнѧ   пьнев҄к   пьнемъ
2. пьнеши   пьнета   пьнете
3. пьнетъ   пьнете   пьнѫтъ

Imperat.

1. —   пьнѣвѣ   пьнѣмъ
2. пьни   пьнѣта   пьнѣте
3. пьни   пьнѣта   пьнѣте

Imperf.

1. пьнѣахъ   пьнѣаховъ   пьнѣахомъ
2. пьнѣаше   пьнѣашета   пьнѣашете
3. пьнѣаше   пьнѣашете   пьнѣахѫ

Part. praes.

Act. пьнѧ, пьны   pass. пьномъ

β. Infinitivthema пьн.

Zusammengesetzter aor. I.

1. пасъ   пасовъ   пасомъ
2. —   паста   пасте
3. —   пасте   пасѧ

Zusammengesetzter aor. I. h für s.

1. пахъ   пахов҄к   пахомъ
2. патъ   паста   пасте
3. патъ   пасте   пашѧ

Part. praet.

Act. I. пьнъ   II. палъ

Pass. патъ, пьнен҄к

Sup. патъ   inf. пати.

Die II. und III. sing. aor. lautet auf тъ und auf ҄ aus: вък-затъ, началъ und вкза. нача. Das part. praet. act. I. auf vь

ist in den älteren denkmälern fast unerhört, man findet nur
изакъ naz.

6. Sechstes paradigma.

α. Praesensthema bi-j-e: j hebt den hiatus auf.

Praes.

1.	бнѭ	бненъ	бнеѧвъ
2.	бненн	бнета	бнете
3.	бнетъ	бнете	бнѧтъ

Imperat.

1.	—	бнꙗвъ	бнꙗавъ
2.	бнй	бнꙗта	бнꙗте
3.	бнй	бнꙗта	бнꙗте

Imperf.

1.	бнꙗахъ	бнꙗаховъ	бнꙗахомъ
2.	бнꙗаше	бнꙗашета	бнꙗашете
3.	бнꙗаше	бнꙗашете	бнꙗахѫ

Part. praes.

Act. бнꙗ   pass. бнеѧвъ

β. Infinitivthema bi.

Zusammengesetzter aor.

1.	бнхъ	бнховъ	бнхомъ
2.	бнтъ	бнста	бнсте
3.	бнтъ	бнсте	бнша

Part. praet.

Act. I. бнвъ   II. бнлъ

Pass. бнтъ, бненъ

Sup. бнтъ   inf. бнтн

Die II. und III. sing. aor. lautet бнтъ und бн: nur einmal
оубнстъ ἀνεῖλεν act. 12. 2-strum. Für бнꙗте aus bi-j-e-i-te
u. s. w. haben namentlich jüngere quellen бнꙗте u. s. w.

Das thema by fieri, esse bildet die infinitivformen.

Zusammengesetzter aor. II.

1.	бꙑхъ	бꙑховъ	бꙑхомъ
2.	бꙑстъ	бꙑста	бꙑсте
3.	бꙑстъ	бꙑсте	бꙑша

Part. praet.

Act. I. бꙑвъ   II. бꙑлъ

Pass. завꙑвенъ, завꙑтъ

Sup. бꙑтъ   inf. бꙑтн

Die II. und III. sing. aor. lautet **бꙑстъ**, in russ. quellen
бꙑстъ. **бꙑ** dient in verbindung mit dem part. praet. act. II. zum
ausdruck des conditionalis: **бꙑ писалъ** scriberes, scriberet; es bezeichnet in verbindung mit dem part. praet. pass. ein passivisches
tempus: **ведѣнъ бꙑ** ductus est sup. 215. 29; es entspricht endlich
dem griech. ἐγένου, ἐγένετο: **печалꙑнъ бꙑ** tristis factus est sup. 207.
11: **бꙑстъ** hingegen kann nur im zweiten und dritten fall
eintreten, nicht im ersten.

Das thema **бꙑ** hat ausser den angeführten einige ihm
eigentümliche formen.

Zusammengesetzter aor.

1.	бꙑлмъ	бибъ	билавъ
2.	би	биста	бисте
3.	би	бисте	биша

Imperf. I.

1.	бъхꙑъ	бъхоиъ	бъхоавъ
2.	бъ	бъета	бъете
3.	бъ	бъете	бъша

Imperf. II.

1.	бъхаꙑъ	бъхоиъ	бъхоавъ
2.	бъаие	бъаиета	бъаиете
3.	бъаие	бъаиете	бъхж

Part. fut. act. **бꙑша**.

Aorist. Hinsichtlich des **билмъ**, **би** bemerke man: die I.
dual. findet sich in den älteren quellen nicht. Herr O. Jagić hat
in einer glagolitischen handschrift späterer zeit bêvi d. i. bivê
gefunden. Assemanov ili vatikanski evangelistar LV. Neben
бꙑша kömmt das nach einem anderen principe gebildete **бж**
vor. Die formen **билмъ** u. s. w. und **бж** habe ich zu erklären versucht in vergl. grammatik IV. seite 817. **билмъ**, **би**
u. s. w. so wie **бж** dienen nur zum ausdruck des conditionalis.
Diese pannonische eigentümlichkeit schwindet allmählich in
den bei den anderen slavischen völkern entstandenen ab-
schriften altslovenischer denkmäler. Die heimat dieser form
betreffend muss erwähnt werden, dass das karantanische (neu-)
slovenisch der freisinger denkmäler die form bim kennt, und
dass diese im kroatischen noch jetzt fortlebt. Nach Vostokovъ,
grammatika 84, wird **бꙑлмъ**, **бꙑлавъ** zuweilen von den südslaven (u južnychъ slavjanъ) gebraucht: **погиблъ бꙑлмъ**,

дⷧъ бышⷧъ psalt. saec. XIV. бышⷧъ поидѫⷣкⷧъ naz., der neben бы auch би kennt. аще бы въсхотⷶⷧъ жрътвъ, дⷧъ бышⷧъ оубо εἰ ἠθέλησες θυσίαν, ἔδωκα ἂν 50. 18. psalt. saec. XII. аще ли бы врагⷧъ поносилⷧъ, пⷬⷭктⷬъкигⷧъ бышⷧⷧ εἰ ἐχθρὸς ὠνείδισέ με, ὑπήνεγκα ἂν 54. 13. ibid. Vostokovъ, Lexikon 1. 67. 68. ы statt и ist wol nichts anderes als eine vermeintliche verbesserung solcher schreiber, denen бимⷧ unbekannt war. Nach Vostokovъ ist das den südslaven eigene бⷶ eine verkürzung von бышⷧ. Grammatika 85. да бⷶ прⷬⷭстⷧли, да бⷶ оуⷡⷰкⷣкⷧⷧи cloz 1. 173. 175. Neben бимⷧ kömmt биⷯⷮъ vor, das sich nach der analogie des gewöhnlichen aor. aus бимⷧ entwickelt hat. Dieses биⷯⷮъ liegt der III. plur. бишⷧ zu grunde.

Imperf. I. Das imperf. I. bildet die personen wie der aor.: hinsichtlich der bedeutung ist zu bemerken, dass бъ und бышⷧ im ostrom. an sieben stellen dem griech. ἦν, ἦσαν. бышⷧ an zwei dem griech. ἐγένοντο gegenübersteht. Dass das in v verwandelte ы nach b ausgefallen, daran ist nicht zu zweifeln: sonst ist freilich die form nicht klar. Die III. sing. бъⷧ findet man nur lam. 1. 21. 28.

Imperf. II. Das vom imperf. I. in formeller hinsicht: bê aus bvê, gesagte gilt auch vom imperf. II. Die bedeutung ist jedoch ausnahmslos die des imperf.

Part. praes. act. Das nur einmal vorkommende бышⷧ verdankt sein dasein wol nur der kühnheit eines übersetzers: законⷧъ бышⷧ бъ бъкⷠы ὁ νόμος ὁ ὑπάρχων (daher richtiger бынⷶⷯ) εἰς τὸν αἰῶνα bar. 4. 1. aus einer quelle des XV. jahrh. Vostokovъ, grammatika 87. Wenn Vostokovъ, Lexikonъ 69, meint, бышⷧ bilde im fem. бышⷧⷧющи oder gar бышⷧⷧющи, so ist dies irrig: das fem. könnte nur бынⷧⷧющи lauten.

Part. praet. act. бкⷧⷧ. Dieses part. kömmt einige mal vor: бкⷧⷶⷯ и скⷮⷯ и грⷧдⷣкⷯⷮ ὁ ἦν καὶ ὁ ὢν καὶ ὁ ἐρχόμενος apoc. 4. 8. скⷮⷯ (и) бкⷧⷧⷯ и грⷧдⷣкⷯⷮ ὁ ὢν καὶ ὁ ἦν καὶ ὁ ἐρχόμενος 11. 17. скⷮⷯ и бкⷧⷶⷯ ὁ ὢν καὶ ὁ ἦν aus einem denkmal des XIV. jahrh. соⷰⷯ и бкⷧ и грⷧдⷣⷶⷯ op. 2. 2. 37. aus einer quelle des XV. jahrh. Auch бкⷧⷧ ist gelehrte erfindung, wenn es nicht vielmehr die oben angeführte III. sing. imperf. бⷶⷧ ist: dafür spräche das griech. ἦν. Wer wird ferners an ungeheuer glauben wie die sing. gen. соⷱⷯⷧ, бкⷧⷧго? отⷯⷮ соⷱⷧ ко и отⷯⷮ бкⷧⷧго бⷯⷮо отⷯⷮбимⷧⷧтⷯⷮ присносоⷱⷧⷯⷮⷯⷮ; ab illo, qui est, et ab illo, qui erat u. s. w. op. 2. 2. 37. für cъмѧтѧ u. s. w. Dass von кѣѩ das fem. кѣишѧіри laute, ist falsch: dieses findet sich einmal, und setzt ein masc. кѣишѧ voraus: съказаетъ пръкльстъ, юже плътъ естъ пріѧти кѣишѧіремъ aus einem denkmal des XVI. jahrhunderts, das aus einer handschrift von 1047 geflossen. Die jugend der quellen, in denen diese formen vorkommen, lässt кѣша, кѣѩ, кѣишѧ als verdächtig erscheinen.

Part. fut. act. Besser als кѣша, кѣѩ, кѣишѧ ist кѣишѧ bezeugt: не лкъі не кѣдѧіре кого́ꙋ кѣишѧіраго wol: non ac si nesciat deus futura naz. кѣишѧіроꙋ́моꙋ u. s. w. naz.: das wort bedeutet bei naz. ἐσόμενος, μέλλων, γινόμενος. нсъхноꙋтъ рѣкѣі нхъ не кѣшоꙋчіпи коѧ́к ἀπὸ τοῦ μὴ εἶναι ὕδωρ esai. 50. 2. aus einer quelle des XVI. jahrh., wo man cъмѧтн erwartet. Minder richtig ist ѧ, russ. ѧ für ѫ: о кѣишѧіришѧвъ naz. кѣишѧишꙿтеіе sborn. 1073. кетилк коꙋ́детъ не кѣишѧіпш βαθὴλ ἔσται ὡς οὐχ ὑπάρχουσα amos 5. 5. кѣишѧіпш сънласъ пр́н сенахериꙿвъ aus einer quelle des XV. jahrh. bei Vostokovъ, Lexikon 1. 68. (плътъ) кѣишѧіпш естъ н здѧнѧ γενητή καὶ κτιστή op. 2. 2. 36. кѣишѧіпш μέλλοντα op. 2. 1. 116, womit das zur übersetzung des griech. ὕπαρξις gebildete кѣишстко (кѣишкстко) nnd das čech. probyšúcný aus štít. bei Květ 78. zu vergleichen ist.

Das thema vê, das mit dem praefix otъ respondere bedeutet, wird in zwei alten quellen im zusammengesetzten aor. gebraucht: отвѣк ἀπεκρίθη io. 1. 21; 10. 25-assem. отъвѣк io. 1.49. sav.-kn. 62. отъвѣкѣишѧ ἀπεκρίθησαν 8. 48-assem. für отъвѣкѣ́ипѧ, отъвѣкѣ́ипѧишѧ im ostrom. Man hat diese formen mit der wurzel vêd zusammengestellt, allein mit unrecht, da vêd mit otъ nicht verbunden wird, da, eine solche verbindung vorausgesetzt, dieselbe wol kaum die bedeutung respondere hätte und da endlich отвѣк, отъвѣкѣишѧ von отквѣтъ responsum nicht getrennt werden kann.

Das thema da dare bildet die infinitivformen. Zusammengesetzter aor.

1. дахъ	дахокѣ	дахомъ
2. дастъ	даста	дасте
3. дастъ	дасте	даишѧ

Part. praet.

Act. I. дакъ   II. дałъ

Pass. данъ

Sup. дать inf. дати

Die II. und III. sing. aor. lauten дасть zogr. дасть ostrom. und да. Ein aor. дадохъ ist den älteren quellen unbekannt. Die praesensformen werden von dem thema dad ohne thematischen vocal gebildet.

Das thema sta stare bildet die infinitivformen: zusammengesetzter aor. стахъ, ста, стд, part. praet. act. I. ставъ u. s. w. Die praesensformen beruhen auf dem thema stan-e nach II: praes. станѫ, imperat. стани, imperf. станкахъ u. s. w.

Das thema dě ponere geht regelmässig: praes. дкѭ, imperat. дкй u. s. w. zusammengesetzter aor. дкхъ, part. praet. act. I. дквъ u. s. w. Die praesensformen können jedoch auch von dem reduplicierten thema dedje aus ded, dedě nach V. 2. gebildet werden: praes. деждѫ, деждеши u. s. w. imperat. дежди, деждавъ u. s. w. Das imperf. und die part. praes. von dedje sind unbelegt. Die infinitivformen können auch vom thema děja nach V. 4. abgeleitet werden.

7. Siebentes paradigma.

α. Praesensthema mr-e.

Praes.

1.	мрѭ	мрекъ	мремъ
2.	мреши	мрета	мрете
3.	мретъ	мрете	мрѫтъ

Imperat.

1.	—	мркквъ	мркмъ
2.	мри	мркта	мркте
3.	мри	мркта	мркте

Imperf.

1.	мркахъ	мркаховъ	мркахомъ
2.	мркаше	мркашета	мркашете
3.	мркаше	мркашете	мркахѫ

Part. praes.

Act. мркы pass. тремъ

β. Infinitivthema mr.

Zusammengesetzter aor.

1.	мркхъ	мркховъ	мркхомъ
2.	мрктъ	мркста	мрксте
3.	мрктъ	мрксте	мркшѧ

Part. praet.

Act. I. ⰿⰾⱃⱏ   II. ⰿⰾⱃⰽⰰⱏ

Pass. ⱅⱃⱏⰽⱅⱏ. ⱅⱃⰵⰹⱏ

Sup. ⰿⰾⱃⰽⱅⱏ   inf. ⰿⰾⱃⰽⱅⰹ

Der im paradigma angeführte aor. findet sich nicht häufig: ⱁⱅⱃⱏ ἐξέραξεν luc. 7. 44. io. 12. 3-assem. ⱂⱁⰶⱃⱏⱈⱁⰿⱏ. ⱂⱁⰶⱃⱏⰽⱀⰰ (ⱂⱁⰶⱃⱏⰽⱀⰰ) bon. ⱂⱁⰶⱃⱏ ⱄⰵ. ⱂⱁⰶⱃⱏⰽⱅⱏ mladén. ⱁⱆⰿⱃⱏⰽⱅⱏ krmč.-mih. 5. ⱁⱅⱃⱏ ἐξέραξε luc. 7. 44-nicol. ⱄⱏⱅⱃⱏⰽⱀⰹⰵ mladén. ⱂⱃⱏⱅⱃⱏⰽⱅⱏ pat.-mih. 35. häufiger ist ⱁⱆⰿⱃⱏⰽⱈⱏ, ⱁⱆⰿⱃⱏⰽ oder ⱁⱆⰿⱃⱏⰽⱅⱏ u. s. w. neben ⱁⱆⰿⱃⱁⱈⱏ, ⱁⱆⰿⱃⰵ u. s. w. Älter als ⰶⱃⱏⰽⱅⰹ scheint ⰶⱃⱏⰽⱅⰹ zogr. slêpč. Das part. praet. act. I. lautet regelmässig ⰿⱏⱃⱏ und daraus ⰿⰵⱃⱏ: ⱂⱃⱁⱄⱅⰵⱃⱏ cloz I. 696. ⱂⱃⱁⱄⱅⰵⱃⱏ 695. ⱁⱆⰿⰵⱃⱏⰽⱀⰹⰾⰰⰿⰹ 803. ⱁⱆⰿⰵⱃⱏⰽⱊ. ⱁⰿⰵⱃⱏⰽⱀⰹⱏ. ⱁⱆⰿⰵⱃⱏⰽⱀⰹⰹ assem. Selten ist ⱂⱃⱁⱄⱅⱃⱏ sabb.-vindob. Die themen vl und ml erweitern das praesensthema durch i: vlje, vlie; mlje, mlie: ⰴⱁⰱⰾⰰⰵⱅⱏ sufficit. ⰿⰵⰾⰵⱅⱏ molit. ⰿⰵⰾⰰⰹⰰⱈⱏ molebam u. s. w.

Zwoite classe.

Das infinitivthema ist durch das suffix ną gebildet.

Im einfachen aor. muss, im zusammengesetzten aor. und in den part. praet. kann die wurzel eintreten, wenn sie consonantisch auslautet: ⰴⰲⰹⰳⱏ commovi. ⰴⰲⰹⰳⱀⰰⱈⱏ und ⰴⰲⰹⰳⱁⱈⱏ.

Die verba dieser classe sind primär oder secundär: dvig-ną movere: wurzel dvig. serb. hted-nu velle, das asl. hъtêd-ną lauten würde: verbalthema hъtê. gluh-nu surdescere: nominalthema gluhъ.

α. Praesensthema dvign-e.

Praes.

1.	ⰴⰲⰹⰳⱀⰰⰶ	ⰴⰲⰹⰳⱀⰵⰲⱏ	ⰴⰲⰹⰳⱀⰵⰿⱏ
2.	ⰴⰲⰹⰳⱀⰵⱎⰹ	ⰴⰲⰹⰳⱀⰵⱅⰰ	ⰴⰲⰹⰳⱀⰵⱅⰵ
3.	ⰴⰲⰹⰳⱀⰵⱅⱏ	ⰴⰲⰹⰳⱀⰵⱅⰵ	ⰴⰲⰹⰳⱀⱄⱅⱏ

Imperat.

1.	—	ⰴⰲⰹⰳⰹⰽⰲⱏ	ⰴⰲⰹⰳⰹⰽⰰⱏ
2.	ⰴⰲⰹⰳⱀⰹ	ⰴⰲⰹⰳⰹⰽⱅⰰ	ⰴⰲⰹⰳⰹⰽⱅⰵ
3.	ⰴⰲⰹⰳⱀⰹ	ⰴⰲⰹⰳⰹⰽⱅⰰ	ⰴⰲⰹⰳⰹⰽⱅⰵ

Imperf.

1.	ⰴⰲⰹⰳⱀⱑⰽⰰⱈⱏ	ⰴⰲⰹⰳⱀⱑⰽⰰⱈⱁⰲⱏ	ⰴⰲⰹⰳⱀⱑⰽⰰⱈⱁⰿⱏ
2.	ⰴⰲⰹⰳⱀⱑⰽⰰⱎⰵ	ⰴⰲⰹⰳⱀⱑⰽⰰⱎⰵⱅⰰ	ⰴⰲⰹⰳⱀⱑⰽⰰⱎⰵⱅⰵ
3.	ⰴⰲⰹⰳⱀⱑⰽⰰⱎⰵ	ⰴⰲⰹⰳⱀⱑⰽⰰⱎⰵⱅⰵ	ⰴⰲⰹⰳⱀⱑⰽⰰⱈⰶ

Part. praes.
Act. ДВИГЫ   pass. ДВИГНОМЪ
β. Infinitivthema dvignǫ und dvig.
Einfacher aor.

1. ДВИГЪ   ДВИГОВѢ   ДВИГОМЪ
2. ДВИЖЕ   ДВИЖЕТА   ДВИЖЕТЕ
3. ДВИЖЕ   ДВИЖЕТЕ   ДВИГЖ

Zusammengesetzter aor.

I. 1. ДВИГНѪХЪ   ДВИГНѪХОВѢ   ДВИГНѪХОМЪ
2. ДВИГНѪ   ДВИГНѪСТА   ДВИГНѪСТЕ
3. ДВИГНѪ   ДВИГНѪСТЕ   ДВИГНѪША

II. 1. ДВИГОХЪ   ДВИГОХОВѢ   ДВИГОХОМЪ
2. ДВИЖЕ   ДВИГОСТА   ДВИГОСТЕ
3. ДВИЖЕ   ДВИГОСТЕ   ДВИГОША

Part. praet.
Act. I. ДВИГНѪВЪ. ДВИГЪ   II. ДВИГНѪЛЪ. ДВИГЛЪ
Pass. ДВИГНОВЕНЪ. ДВИЖЕНЪ.
Sup. ДВИГНѪТЪ.   inf. ДВИГНѪТИ

ДВИГОМЪ hat adjectivische function: вѣкъ ДВИГОМА κινητὸν
εἶδος prol.-rad. ДОСЕГОУЩЕ ἐπαιρόμενοι 2. cor. 10. 14-šiš. ist
ein fehler für ДОСАГОУЖЩЕ slêpě.

Dritte classe.

Das infinitivthema wird durch das suffix ê gebildet.

1. Erste gruppe.

Die verba der ersten gruppe sind secundär: im-ê habere:
verbalthema im. um-ê intelligere: nominalthema умъ.
α. Praesensthema umê-j-e.
Praes.

1. оумѣѭ   оумѣѥвѣ   оумѣѥмъ
2. оумѣѥши   оумѣѥта   оумѣѥте
3. оумѣѥтъ   оумѣѥте   оумѣѭтъ
Imperat.
1. —   оумѣйвѣ   оумѣймъ
2. оумѣй   оумѣйта   оумѣйте
3. оумѣй   оумѣйта   оумѣйте

Imperf.

1. оүлгклүгъ   оүлгклхоигк   оүлгклхоүлгъ
2. оүлгкліиг   оүлгклшггл   оүлгклшггг
3. оүлгкліиг   оүлгклшггг   оүлгклхлѫ

Part. praes.

Act. оүлгкіл   pass. оүлгкіе.лгъ

β. Infinitivthema umê.

Zusammengesetzter aor.

1. оүлгкхгъ   оүлгкхоигк   оүлгкхоүлгъ
2. оүлгк   оүлгкетл   оүлгкетг
3. оүлгк   оүлгкетг   оүлгкшѧ

Part. praet.

Act. I. оүлгкгкгъ   II. оүлгклгъ

Pass. оүлгкнгъ

Sup. оүлгктгъ   inf. оүлгкти

Das thema imê habere wird nach dem paradigma umê conjugiert: praes. илгкѭ. imperat. илгкй. imperf. илгклхгъ u. s. w. Im praes. und im part. praes. act. kann jedoch das thema ima eintreten: praes. илглмгк. илглшш. илглтгъ. илглкгк. илглтл. илглтг. илглмгъ. илглтг. илглтгъ. part. praes. act. илгкъ. Die neben илглмгк, илглшш u. s. w. vorkommenden formen илглмгк, илглшш u. s. w. weisen auf formen wie imajemь (inajomь), imaješi u. s. w. zurück. илглтгъ und илгкъ sind nicht vom thema im I. 5. entlehnt, sondern aus ima-ntъ, ima-nt hervorgegangen: dafür spricht die imperfective bedeutung beider formen: дл кгкрѫ илглтгъ ѵva πιστεύωσιν io. 1. 7. кинл иг илглтгъ οἶνον οὐκ ἔχουσιν 2. 3. дл животгъ илглтгъ ѵva ζωὴν ἔχωσιν 10. 10. neben кгкрѫ илгетг πιστεύσετε 5. 47. кгкрѫ илгѫ πιστεύσω 9. 36, wenn auch кгкрѫ илгшии πιστεύεις 11. 26. vorkömmt ostrom. Formen wie илглмгк, илглшш finden sich nicht selten in den älteren quellen: иослоүшлтг io. 10. 20-assem. отгккгкшлклши ἀποκρίνῃ matth. 26. 62-sav.-kn. иодоклтгъ πρέπει 1. tim. 2. 10-slêpč. иргккгкклтгъ bulg.-evang. 1305. илгcшшлмгк сг κορέννυμαι. окгкшлкллмгк сг polliceor prol.-rad. 50. 92. Aus aje entsteht aa und daraus a. Vergl. gramm. 1. 121, 3. 95.

2. Zweite gruppe.

Die verba der zweiten gruppe sind primär: vid-ê: wurzel vid. lьp-ê haerere: wurzel lьp. trъp-ê pati: wurzel trъp.

α. Praesensthema trъpi-e nur in der I. sing. praes., sonst trъpi.
trъpie scheint in trъpii und dieses in trъpi übergegangen zu
sein: daher въдитъ vigilat. оузритъ aspiciet hom.-mih. vergl.
натроуꙗии nutries bon. für натроуꙗни. Vergl. grammatik
I. 119.

Praes.

1. трькил҄ѧ   трькин҄къ   трькин҄лвъ
2. трькин҄ии   трькин҄тꙗ   трькин҄те
3. трькин҄тъ   трькин҄те   трькин҄ꙗтъ

Imperat.

1.   —   трькин҄къ   трькин҄лвъ
2. трькин҄   трькин҄тꙗ   трькин҄те
3. трькин҄   трькин҄тꙗ   трькин҄те

Part. praes.

Act. трькил҄ꙗ   pass. трькин҄лвъ

β. Infinitivthema trъpê.

Zusammengesetzter aor.

1. трькик҄хъ   тккик҄ховъ   тккик҄холвъ
2. трькик҄   трькик҄ста   трькик҄сте
3. трькик҄   трькик҄сте   трькик҄ил҄ѧ

Imperf.

1. трькик҄кахъ   трькик҄кахокъ   трькик҄кахолвъ
2. трькик҄каше   трькик҄кашета   трькик҄кашете
3. трькик҄каше   трькик҄кашете   трькик҄кахѫ

Part. praet.

Act. I. трькик҄къ   II. трькик҄кꙗъ

Pass. трькик҄кнъ

Sup. трькик҄ктъ   inf. трькик҄кти

Das thema vidé videre hat im imperat. вижⷣь, видивъ
u. s. w. Die part. praes. видоуите (видꙗите), гороуите
(горꙗите) sind wie видолвъ und ꙗитолвъ nach I. gebildet.

Das thema vêdé scire ist in den infinitivformen regelmässig: aor. въдꙗхъ. imperf. въдꙗкахъ. Der aor. покꙑхъ
izv. X. 674. покꙑхъ greg.-lab. 20. pat.-mih. 32. покꙑне (по-
кꙑнꙗ) krmč.-mih. 246. und оувꙑнꙗ zlatostr. saec. XII. be-
fremden weniger, wenn man die praesensformen испокꙑетъ,
испокꙑⷮтъ krmč.-mih. 358. 361. 365. erwägt. Die praesensformen haben keinen thematischen vocal. покꙑ сѧ καρσχθήσεται
luc. 12. 3-assem. steht für покꙑстъ сѧ wie ꙕ für ꙕстъ.

Die wurzel sъp dormire hat das infinitivthema sъp-a, daher съплахъ. съплакъ u. s. w. vergl. russ. dial. spě: sama ona spěla (usnula). prinspěla Bezsonovъ, Kalěki 2. 141. 150. Die praesenstempora werden nach III. 2. gebildet: praes. съплиѭ. съпиши. imperat. съпи. part. praes. act. съплѧ.

Das thema hotě, hoti; hъtě, hъti bildet die praesensformen mit ausnahme der III. plur. praes. (хотѧтъ) und den imperat. nach V. 2. von dem thema hoti-e, hotje, daher praes. хоштѭ. хоштеши. хоштетъ u. s. w. imperat. хошти. хоштихавъ u. s. w. Alles übrige geht nach III. 2: хотѧтъ volunt. хотѧ volens. Man merke jedoch imperf. хощаашe lam. 1. 26. und das part. praes. act. хощаштимавъ 1. 5. für хотѣаше und хотѧиштихавъ. Über die form хошти: аще хощи si vis op. 2. 2. 392. что хощи, брате, да бѫдетъ quid vis, frater, ut fiat pat.-mih. 135. so wie die entsprechenden kroat. formen hoć luč. 52. 65. ako ć 8. ne ć 6. 7. 51. neć viditi. hoć naučiti, umriti starine 3. 223. 228. ist vergl. grammatik 4. seite XI gehandelt worden. Man füge hinzu asl. hoč in: hoč li vin' crell.

Vierte classe.

Das infinitivthema wird durch das suffix i gebildet.

Die verba dieser classe sind secundär, und zwar denominativ: hval-i laudare von hvala laus.

x. Praesensthema hvali-e, nur in der I. sing. praes. und im imperf., sonst hvali. hvalie scheint in hvalii und dieses in hvali übergegangen zu sein, daher съмотриилавъ imperat. sup. 39. 17. прѣхождитъ hom.-mih. vergl. nserb. porožijo pariet Zwahr 283, entsprechend einem asl. породитъ.

Praes.

1.	хвалѭ	хвалик̑	хвалиавъ
2.	хвалиши	хвалита	хвалите
3.	хвалитъ	хвалите	хвалѧтъ

Imperat.

1.	—	хвалик̑	хвалиавъ
2.	хвали	хвалита	хвалите
3.	хвали	хвалита	хвалите

Imperf.

1.	хвалшахъ	хвалшаховѣ	хвалшаховъ
2.	хвалшаше	хвалшанета	хвалшанете
3.	хвалшаше	хвалшанете	хвалшахѫ

Part. praes.

Act. хвала   pass. хвалимъ

3. Infinitivthema hvali.

Zusammengesetzter aor.

1.	хвалихъ	хвалиховѣ	хвалиховъ
2.	хвали	хвалиста	хвалисте
3.	хвали	хвалисте	хвалишꙗ

Part. praet.

Act. I. хвалѣ. хваликъ   II. хвалилъ

Pass. хвалеиъ

Sup. хвалитъ   inf. хвалити

Fünfte classe.

Das infinitivthema ist durch das suffix a gebildet.

1. Erste gruppe.

Die verba dieser gruppe sind secundär: gnêt-a comprimere: verbalthema gnet. dêl-a operari: nominalthema dêlo.

α. Praesensthema: dêla-j-e.

Praes.

1.	дѣлаѭ	дѣлаѥвѣ	дѣлаѥмъ
2.	дѣлаѥши	дѣлаѥта	дѣлаѥте
3.	дѣлаѥтъ	дѣлаѥте	дѣлаѭтъ

Imperat.

1.	—	дѣлайвѣ	дѣлаймъ
2.	дѣлай	дѣлайта	дѣлайте
3.	дѣлай	дѣлайта	дѣлайте

Imperf.

1.	дѣлаахъ	дѣлааховѣ	дѣлааховъ
2.	дѣлааше	дѣлаанета	дѣлаанете
3.	дѣлааше	дѣлаанете	дѣлаахѫ

Part. praes.

Act. дѣлаꙗ   pass. дѣлаѥмъ

β. Infinitivthema déla.

Zusammengesetzter aor.

1. дꙑклаꙗхъ дꙑклахоквѣ дꙑклахомъ
2. дꙑклаꙗ дꙑкласта дꙑкласте
3. дꙑклаꙗ дꙑкласте дꙑклашꙗ

Part. praet.

Act. I. дꙑклавъ   II. дꙑклалъ

Pass. дꙑклалъ

Sup. дꙑклатъ   inf. дꙑклати

2. Zweite gruppe.

Die verba der zweiten gruppe sind primär oder secundär: kl-a: wurzel kl. gyb-a perire: verbalthema gyb (gybnati). klevet-a calumniari: nominalthema kleveta.

α. Praesensthema koli-e.

Praes.

1. колꙗ колиевѣ колиемъ
2. колиеши колиета колиете
3. колиетъ колиете колиꙗтъ

Imperat.

1. — колꙗвѣ колꙗмъ
2. колꙗ колꙗта колꙗте
3. колꙗ колꙗта колꙗте

Imperf.

1. колꙗахъ колꙗаховѣ колꙗахомъ
2. колꙗаше колꙗашета колꙗашете
3. колꙗаше колꙗашете колꙗахꙗ

Part. praes.

Act. колꙗ   pass. колиемъ

β. Infinitivthema kla.

Zusammengesetzter aor.

1. клахъ клаховѣ клахомъ
2. кла класта класте
3. кла класте клашꙗ

Part. praet.

Act. I. клавъ   II. клалъ

Pass. кланъ

Sup. клатъ   inf. клати

4

Der imperat. колмте, wofür колкте ostrom. und колнте, ist nach постемлмѵк sternamus sup. 251. 29. нитате und нитекте zogr. und ähnlichen formen gebildet: колмте entsteht aus koli-e-i-te, kolj-e-i-te.

3. Dritte gruppe.

Die verba der dritten gruppe sind primär: br-a legere: wurzel br.

α. Praesensthema ber-e.

Praes.

1.	керж	керекк	керемѵк
2.	кепеннн	керета	кепете
3.	керетк	керете	кержтк

Imperat.

1.	—	керккк	керкмѵк
2.	керн	керкта	керкте
3.	керн	керкта	керкте

Imperf.

1.	керкахк	керкахокк	керкахомѵк
2.	керкаше	керкашета	керкашете
3.	керкаше	керкашете	керкахж

Part. praes.

Act. керкы   pass. керомѵк

β. Infinitivthema bra.

Zusammengesetzter aor.

1.	кнрахк	кнрахокк	кнрахомѵк
2.	кнра	кнраста	кнрасте
3.	кнра	кнрасте	кнранша

Part. praet.

Act. I. кнракк   II. кнрамк

Pass. кнранк

Sup. кнратк   inf. кнратн

Das imperf. wird häufig aus dem infinitivthema gebildet: зккнрахк ostrom.

4. Vierte gruppe.

Die verba der vierten gruppe sind primär oder secundär: dé-j-a: wurzel. zugleich verbalthema der ersten classe: dé. da-j-a: verbalthema: da.

α. Praesensthema dê-j-e.

Praes.

1. дѣѭ	дѣѥвѣ	дѣѥмъ
2. дѣѥши	дѣѥта	дѣѥте
3. дѣѥтъ	дѣѥте	дѣѭтъ

Imperat.

1. —	дѣйвѣ	дѣймъ
2. дѣй	дѣйта	дѣйте
3. дѣй	дѣйте	дѣйте

Imperf.

1. дѣахъ	дѣаховѣ	дѣаховъ
2. дѣаше	дѣашета	дѣашете
3. дѣаше	дѣашете	дѣахѫ

Part. praes.

Act. дѣѩ   pass. дѣѥмъ

β. Infinitivthema dêja.

Zusammengesetzter aor.

1. дѣахъ	дѣаховѣ	дѣаховъ
2. дѣа	дѣаста	дѣасте
3. дѣа	дѣасте	дѣашѧ

Part. praet.

Act. I. дѣавъ   II. дѣалъ

Pass. дѣанъ

Sup. дѣатъ   inf. дѣати

Ein imperat. дѣате ist bisher nicht belegt worden.

Sechste classe.

Das infinitivthema wird durch die suffixe u-a, woraus ova, gebildet.

Die verba der sechsten classe sind secundär: pokaz-ova monstrare: verbalthema pokaza, pokazati. likova saltare: nominalthema likъ chorus.

α. Praesensthema liku-j-e.

Praes.

1. ликоуѭ	ликоуѥвѣ	ликоуѥмъ
2. ликоуѥши	ликоуѥта	ликоуѥте
3. ликоуѥтъ	ликоуѥте	ликоуѭтъ

Imperat.

1. —   лнкоуйк҄   лнкоуйлл
2. лнкоуй   лнкоуйтл   лнкоуйте
3. лнкоуй   лнкоуйтл   лнкоуйте

Imperf.

1. лнкоуідх҄   лнкоуідхок҄   лнкоуідхомл
2. лнкоуідше   лнкоуідшетл   лнкоуідшете
3. лнкоуідше   лнкоуідшете   лнкоуідхѫ

Part. praes.

Act. лнкоуіа   pass. лнкоуіемл

3. Infinitivthema likova.

Zusammengesetzter aor.

1. лнковлх҄   лнковлхок҄   лнковлхомл
2. лнковл   лнковлстл   лнковлсте
3. лнковл   лнковлсте   лнковлшѧ

Part. praet.

Act. I. лнковлк҄   II.   лнковлл
Sup. лнковлт҄   inf. лнковлти

Das praesensthema lautet manchmal auch nach V. I. ov-
a-j-e: коіеклѭ: коіекле part. praes. act. prol.-rad. късироѣто-
кіеть hom.-mih. помилокмеллл naz. u. s. w.

b. Conjugation ohne thematischen vocal.

Die themen, die ohne thematischen vocal conjugiert werden,
sind I. vêd scire. II. dad dare. III. jad edere. IV. jes esse.
V. obrêt invenire. VI. vъsta surgere.

I. vêd scire.

Praes.

1. к҄клм   к҄кк҄   к҄клл
2. к҄кси   к҄кстл   к҄ксте
3. к҄кст҄   к҄ксте   к҄кдѧт҄

Imperat.

1. —   к҄клнк҄   к҄клнлл
2. к҄кждк   к҄клнтл   к҄клнте
3. к҄кждк   к҄клнтл   к҄клнте

к҄кдѧт҄ ist ohne thematischen vocal gebildet, denn mit
diesem würde die form к҄клѧт҄ lauten. Dagegen tritt im
part. praes. act. к҄кды der thematische vocal ein: für к҄кды
hat jedoch sup. 224. 4. das wie к҄кдѧт҄ gebildete к҄кдѧ.

Das part. praes. pass. вѣдомъ ist wie видомъ zu beurteilen: beide sind nach der regel der ersten classe gebildet. Das imperfect und die infinitivformen werden vom thema vêdê nach III. gebildet: вѣдѣахъ. вѣдѣхъ u. s. w. Das part pract. pass. lautet вѣдѣнъ: вѣстъ hat wie вѣдимъ adjectivische function. Sehr häufig ist für вѣмь das noch immer rätselhafte вѣдѣ, das auch im karantanischen slovenisch der freisinger denkmäler vorkommt: vêdê, ispovêdê.

II. dad dare.

Dad aus dada dare von der wurzel da ist ausser ded aus dedê von der wurzel dê das einzige reduplicierende verbum der slavischen sprachen. Die reduplication ist auf die praesensformen beschränkt: sonst tritt da ein.

Praes.

1.	дамь	давѣ	дамъ
2.	даси	даста	дасте
3.	дастъ	дасте	дадѧтъ

Imperat.

1.	—	дадивѣ	дадимъ
2.	даждь	дадита	дадите
3.	даждь	дадита	дадите

Von дадѧтъ und von dem part. praes. act. дадꙑ gilt das von вѣдѧтъ und вѣдꙑ bemerkte. дадꙑ sup. 206. 21; 308. 12. Älter ist wol дадѧ und daraus дадꙗ nest. дада svjat.-op. 2. 2. 392. дадомъ zeigt den thematischen vocal. Dasselbe gilt vom imperf. дадѣахъ. Der imperat. lautet даждь, selten дажди. Das imperf. lautet дадѣахъ, wie von einem praes. dad-e. Die infinitivformen werden von da nach I. 6. gebildet.

III. jad edere.

Praes.

1.	ꙗмь	ꙗвѣ	ꙗмъ
2.	ꙗси	ꙗста	ꙗсте
3.	ꙗстъ	ꙗсте	ꙗдѧтъ

Imperat.

1.	—	ꙗдивѣ	ꙗдимъ
2.	ꙗждь	ꙗдита	ꙗдите
3.	ꙗждь	ꙗдита	ꙗдите

ꙗдѣтъ hat keinen thematischen vocal. Das imperf. lautet ꙗдѣхъ wie von einem praesensthema jad-e, das part. praes. act. ꙗдꙑ, ꙗдꙑ. Die infinitivtempora werden von jad nach I. 1. gebildet.

IV. jes esse.

Praes.

1.	ѥсмь	ѥскѥ	ѥсмѥ
2.	ѥси	ѥста	ѥсте
3.	ѥстъ	ѥсте	сѫтъ

сѫтъ hat wie das part. praes. act. сꙑ, älter сѧ, ursprünglich сѧ, thematischen vocal: ersteres weicht hierin von véd. dad. jad ab. In allen übrigen formen treten będ nach I. 1. und by nach I. 6. ein.

V. obrêt invenire.

Obrêt invenire: rêt mit dem praefix obъ, wie sъrêt mit dem praefix sъ. Der wurzel rêt kommt wahrscheinlich die bedeutung ire zu. Von obrêt findet man ohne thematischen vocal nur die II. sing. praes. окрꙑсꙟ invenies pat. 261. 301. für regelmässiges окрѧштеши von obręti-e nach V. 2. Die infinitivformen werden nach I. 1. gebildet. Vielleicht ist auch serb. obrim inveniam als eine praesensbildung ohne thematischen vocal zu erklären: obrim (asl. *obrêmь) zu obrêt wie jamь zu jad.

VI. vъsta surgere.

Vъsta surgere: sta mit dem praefix vъzъ. Auch von vъsta findet sich ohne thematischen vocal nur die II. sing. praes.: и ръкиꙗ (ръкиꙗ) старѣйшиикъ своемоу не въстаси поклонити сѧ кнѧзоу; et dixerunt hegumeno suo: nonne surges, ut inclines te coram principe? pat.-mih. 122. b.

Das pannonische сѫтъ cloz I. 49. сѫтъ pat.-mih. 33. 37. 40 u. s. w. ist, wie ich jetzt dafür halte, kein praes., sondern ein aor., da im sup. 363. 23. сѫтъ durch das aoristische рече, das, ursprünglich glosse, in den text aufgenommen wurde, erklärt wird: како лоука вьсѣ страхъ кленоукъ помаꙗлꙗ не рече сѫтъ. мꙑ надѣкиелꙗ сѧ, не мꙑ надѣкахомꙑ сѧ. Schon dem schreiber des cod., aus dem der sup. stammt, war сѫтъ nicht mehr verständlich. Für den aor. ist auch

geltend zu machen, dass das praes. im asl. nur praesens- oder
futur-, nie aoristische bedeutung hat. Vergl. grammatik IV. seite
778. Da nun neben слтъ auch слти cloz I. 281 vorkömmt,
so muss zugegeben werden, dass die aoristische und imperfec-
tische personalendung тъ aller wahrscheinlichkeit nach aus
dem praesens stammt, folglich nicht so zu erklären ist, wie
ich ehedem dafür hielt. Vergl. gramm. III. seite 87.

Anhang.

Durch umschreibung ausgedrückte verbalformen.

I. Perfectum act.

Das perfectum act. wird ausgedrückt durch die verbindung
des part. praet. act. II. mit dem praes. des verbum jes: ѥсмъ
окн,ѧ'къ ἐσυκοφάντησα ostrom.

II. Plusquamperfectum act.

Das plusquamperfectum act. wird ausgedrückt durch die
verbindung des part. praet. act. II. mit dem imperf. I. oder
II. des verbum by: поⷢкнкⷧъ к'к ἀπολωλὸς ἦν. к'кⷧхⷷ пришькⷧи
ἦσαν ἐληλυθότες ostrom.

III. Futurum act.

Das futurum act. wird ausgedrückt 1. durch das praesens,
namentlich der verba perfectiva: поⷢⷰнтъ ἐοἰξει. к'кроⷩѥтѥ
credetis ostrom. 2. durch die verbindung des inf. a) mit dem
praesens des verbum imê: глагоⷧтн ималтъ loquetur sup.
b) mit dem praesens des verbum вѣⷭнⷧ, пасⷭⷩ: плⷰктн к'кⷰⷱ-
нетъ habebit cloz I. 400. нероⷣⷰнтн нлⷰкнетъ non curabit
ostrom. Vergl. nsl. nasnem delati (нлⷰкнелⷭъ ѧ'клⷧтн) fris.
c) mit dem praesens des verbum hotê: кⷩⷰнтн сⷰ хоⷩⷰⷱⷱⷰ
μέλλεις ἐμφανίζειν σεαυτόν ostrom.

IV. Futurum exactum act.

Das futurum exactum wird ausgedrückt durch die verbindung des part. praet. act. II. mit dem praesens des verbum bad: **аще гръхꙑ боудетъ створилъ, отъдадетъ се кмоу** ἐὰν ἁμαρτίας ᾖ πεποιηκώς, ἀφεθήσεται αὐτῷ iac. 5. 15-šiš., wo auch **сътворитъ** stehen kann. Seltener ist: **мати кго завъсила въꙗꙗ окъкнице** mater eius velaverat fenestram zlatostr. saec. XII.

V. Conditionalis act.

Der conditionalis act. wird ausgedrückt durch die verbindung des part. praet. act. I. a. mit dem aor. бимь oder b. mit dem aor. бꙑхъ: jene ausdrucksweise ist pannonischen ursprungs. a. **аште не бимь пришьлъ, гръха не бꙑ имъли** εἰ μὴ ἦλθον, ἁμαρτίαν οὐκ εἴχον io. 15. 22-zogr. b. **аште бꙑ къдъалъ кнꙗзь силѫ распѧтаго, то оставилъ бꙑ коумирьскꙑѭ льстъ** si princeps nosset virtutem crucifixi, desereret errorem idolorum sup. 55. 10.

VI. Passivum.

Das passivum wird ausgedrückt 1. durch die verbindung des activum mit dem reflexivpronomen se: **наречетъ сѧ** vocabitur ostrom. 2. durch die verbindung des part. praes. oder praet. pass. mit den formen der verba by, byva, bad, jes.

a. **знакмии бꙑше** cogniti sunt sabb.-vindob. **строужклъ къаше** radebatur sup. 122. 24. **гонилъ къꙑкалше** pellebatur ostrom. **моучилаи боудоутъ** excruciabuntur ant. **съпасакми сѫтъ** salvantur sup. 268. 1.

b. **къзведенъ бꙑстъ** ductus est ostrom. **къ написано** ἦν γεγραμμένον ostrom. **пръданоу къꙑкꙑноу** postquam traditus est sup. 343. 26. **къздвижкенъ къꙑкалтъ** tollitur sup. 344. 17. **изгꙑпанъ бѫдетъ** eiicietur ostrom. **осѫжденъ ксн** condemnaris ostrom.

CODEX ZOGRAPHENSIS.

Evangelium Marci.

I.

1. Начало еванћѥлнѥ ісоу христова, сына божиѥ·
2. ꙗкоже естъ псано въ пророцѥхъ· се, азъ посълѭ анћѥлъ
мои прѣдъ лицемъ моимъ, иже оуготовитъ пѫть твои прѣдъ
тобоѭ. 3. гласъ въпиѭштаго въ поустыніи оуготоваите
пѫть господьнь· правы творите стьѕѧ его. 4. бысть
іоанъ крьста въ поустыніи і проповѣдаꙗ крьштеніе по-
каанню въ отъпоуштеніе грѣхомъ. 5. і исхождааше въ
нѥмоу всѣ июдѣискаꙗ страна і пероусалимлꙗне· і крьштахѫ
сѧ вси въ іорданьсцѣ рѣцѣ отъ нѥго, исповѣдаѭште грѣхы
своꙗ. 6. бѣ же іоанъ облъченъ власы велькѫждꙑ і поѣсъ
оусмѣнъ о чрѣслѣхъ его, і ѣдѣ акриди і медъ дивии.
7. і проповѣдааше, глаголѧ· грѧдетъ крѣплѥи мене въ слѣдъ
мене, емоуже нѣсмь достоинъ поклонь сѧ раздрѣшити ремене
сапогоу его. 8. азъ оубо крьстихъ вы водоѭ· а тъ
крьститъ вы доухомь свѧтыимь. 9. і бысть въ дьни
ты, приде ісоусъ отъ назарѣта галилеискаго, і крьсти
сѧ отъ іоана въ іорданѣ. 10. і абие въсходѧ отъ воды,
і видѣ разводѧшта сѧ небеса, і доухъ ѣко голѫбь съходѧ-
штъ на нь. 11. і бысть гласъ съ небесе· ты еси сынъ
мои възлюбленыи, о тебѣ благоволихъ. 12. і абие доухъ
изведе і въ поустынѭ. 13. і бѣ тоу въ поустыніи дьни
.м., искоушаемъ сотоноѭ, і бѣ съ звѣрьми і анћели слоу-
жаахѫ емоу. 14. по прѣдании же іоановѣ приде ісоусъ
въ галилеѭ, проповѣдаꙗ еванћѥлие цѣсарьствиѥ божиѥ,

15. глагола· ѣко исплъни сѧ врѣмѧ, і приближи сѧ цѣсарьствие божие· покаите сѧ, і вѣроуіте въ еванћѣлие божие.
16. ходѧ же при мори галилеисцѣмь видѣ симона і анъдрѣа,
брата того симона, въметѫшта мрѣжѫ въ море· вѣашете
бо рꙑбарѣ· 17. і рече има исоусъ· придѣта въ слѣдъ мене,
і сътворѭ въ бꙑти ловьца чловѣкомъ. 18. і абие оста-
вьша мрѣжѫ по йемь ідосте. 19. і прѣшъдъ мало отъ
тѫдоу оузьрѣ ѣкова зеведеова, іоана, брата его, і та въ
ла'дии закѧзаѭшта мрѣжѫ. 20. і абье възъва к· і оста-
вьша отьца своего зеведѣа въ ладии съ наимьникꙑ по
йемь ідосте. 21. і въниѭошѧ въ каперънаоумъ· і абье въ
сѫботꙑ на сънъмишти оучааше. 22. і дивлаахѫ сѧ о
оучении его· бѣ бо оучѧ ѣко власть имꙑ, а не акꙑ кънижьници ихъ. 23. і бѣ на сънъмишти ихъ чловѣкъ нечистомь
доухомь, і възъва, 24. глагола· остани, чьто есть намъ
і тебѣ, исоусе назарѣнине; пришьлъ еси погоубитъ насъ·
вѣмъ тѧ, кьто еси, свѧтꙑ божии. 25. і запрѣти емоу
исоусъ, глагола· оумлъчи, і изиди іж-него. 26. і сътрѧсъ
і доухъ нечистꙑ і възъшькъ гласъмь велиемь, і изиде іж-
него. 27. і оужасѧ сѧ вьси, ѣко істѧзаахѫ сѧ въ себѣ,
глаголѭште· чьто оубо есть се; чьто оучение се новое,
ѣко по области доухомь нечистꙑмъ велитъ, і послоушаѭтъ его; 28. і изиде слоухъ его абие въ вьсѫ странѫ
галилеисскѫ. 29. і абье ишьдъше і-сънъмишта придѫ въ
домъ симоновъ і анъдрѣовъ съ ѣковомь і іоанномь.
30. тьшта же симонова лежааше огнемь жегома· і абие
глаголаша емоу о йеи. 31. і пристѫпль въздвиже ѭ, имъ
за рѫкѫ еѩ· і остави ѭ огнь, і слоужааше емоу. 32. поздѣ же бꙑвъши, егдаже захождааше слъньце, приношаахѫ къ йемоу всѧ недѫжьнꙑѩ· 33. і бѣ вьсь градъ съ-
бъралъ сѧ къ дьверемъ. 34. і ицѣли многꙑ недѫжь-
нꙑ имѫште различьнꙑ ѩзѧ· і бѣсꙑ многꙑ изгъна, і не
оставлѣаше глаголати бѣсъ, ѣко вѣдѣахѫ і. 35. і ютро
проврѣзгоу ѕѣло въставъ изиде, і иде въ поусто мѣсто,
і тоу молитвѫ дѣаше. 36. і гънаша і симонъ і иже бѣахѫ съ нимь, 37. і обрѣтъше і глаголаша емоу· ѣко вси
иштѫтъ тебе. 38. і глагола имъ· ідѣмъ въ ближьнꙑѩ
вси і градꙑ, да і тоу проповѣмь· на се бо изидохъ. 39. і
бѣ проповѣдаѩ на сънъмиштихъ ихъ въ вьсеи галилеи

і бѣсы ізгона.   40. і приде къ ńемоу прокаженъ, молѧ і
і на колѣноу падаѧ, і глагола емоу ѣко, аmте хоmтеши,
можеши мѧ шптистити.   41. исоусъ же милосръдовавъ,
простьръ рѫкѫ коснѫ і, і глагола емоу хоmтѫ, шптисти
сѧ.   42. і рекъшю емоу абие отиде проказа отъ ńего, і
чистъ къістъ.   43. і запрѣтивъ емоу абие изгъна и,   44. і
глагола емоу блюди сѧ, никомоуже ничьтоже не рьци нъ
шьдъ покажи сѧ архиереови, і принеси за очиштение твое, еже
повелѣ мwси, въ съвѣдѣтельство имъ.   45. онъ же шьдъ
начатъ проповѣдати много і проносити слово, ѣко къ
томоу не можааше авѣ въ градъ кънити, нъ вънѣ въ
поустъхъ мѣстѣхъ вѣ, і прихождаахѫ къ ńемоу отъ
въсѫдѣ.

II.

1. І вниде пакъі въ каперънаоумъ по дьнехъ і слоухъ
къістъ, ѣко въ домоу естъ.   2. і абие съвьрашѧ сѧ мнози,
ѣко къ томоу не въмѣштаахѫ сѧ ни прѣдъ двьрьми
і глаголааше имъ слово.   3. і придошѧ къ ńемоу, носѧште
ослаблена жилами, носимъ четъірьми.   4. і не могѫште
пристѫпити къ ńемоу за народъ, отъкръшѧ покровъ,
идеже вѣ, і прокопавъше съвѣсишѧ одръ, на ńемьже ослаб-
лėнъі слежааше.   5. видѣвъ же исоусъ вѣрѫ ихъ глагола
ослабленоуемоу чѧдо, отъпоуштаѭтъ сѧ тебѣ грѣси твои.
6. вѣахѫ же етери отъ кънижьникъ тоу сѣдѧште і по-
мъішлѣѭште въ срьдьцихъ своихъ   7. чьто сь тако
глаголетъ власвимиѭ; къто можетъ отъпоуштати грѣхъі,
тъкъмо единъ, богъ;   8. і разоумѣвъ исоусъ доухомь
своимь, ѣко тако ти помъішлѣѭтъ въ себѣ, рече имъ
чьто тако помъішлѣете въ срьдьцихъ вашихъ;   9. чьто
естъ оудобѣе, решти ослабленоуемоу отъпоуштаѭтъ ти
сѧ грѣси, ли решти въстани, і възьми одръ твои, і ходи;
10. нъ да вѣсте, ѣко власть имать съінъ чловѣчьскъі
wтъпоуштати на земи грѣхъі, глагола ослабленоуемоу
11. тебѣ глаголѭ въстани, възьми одръ твои, і иди въ
домъ твои.   12. і въста абие, і възьмъ одръ изиде прѣдъ
въсѣми, ѣко дивлѣахѫ сѧ вси і славлѣахѫ бога, глаголѭште ѣко николиже тако видѣхомъ.   13. і изиде исоусъ
къ морю и вьсь народъ идѣаше къ ńемоу, і оучааше ѩ.

14. і мимо градъі исоусъ видѣ леѵгнѫ алкфеова, сѣдѧшта
на мъітьници, і глагола ємоу· по мнѣ грѧди. і въставъ
въ слѣдъ єго іде.   15. і бъістъ възлежаштю ємоу въ
домоу єго, і мнози мъітаре і грѣшьници възлежаахѫ съ
исоусомь і съ оученикъі єго· бѣахѫ бо мнози, і по нємь
ідошѫ.   16. і кънижьници і фарисеи, видѣвъше і ѣдѫшть
съ мъітари і грѣшьникъі, глаголаахѫ оученикомъ єго по
чьто съ мъітари і грѣшьникъі ѣстъ і пьєтъ: 17. і слъішавъ исоусъ глагола имъ· не трѣбоуѭтъ съдравии врачевъ,
нъ болѧштеі. не придъ бо призъватъ праведьникъ, нъ
грѣшьникъ въ покаание.   18. і бѣахѫ оученици юановꙑ і
фарисеи постѧште сѧ· і придошѫ і рѣша ємоу· по чьто
оученици юановꙑ і фарисѣисции постѧтъ сѧ, а твои оученици
не постѧтъ сѧ: 19. і рече имъ исоусъ· єда могѫтъ съіное
брачьнии постити сѧ, до нѥдеже съ ними єстъ женихъ: єлико
врѣмѧ съ собоѭ имѫтъ жениха, не имѫтъ постити сѧ.
20. придѫтъ же дьнне, єгда отъімєтъ сѧ отъ нихъ
женихъ, і тъгда постѧтъ сѧ въ тъі дьни.   21. никътоже
приставлѥниѥ плата небѣлена не приставлѣєтъ ризѣ вет-
сѣ· аште ли же ни, възьмєтъ коньць отъ нѥіа новоє отъ
ветъхааго, і горьши диръ бѫдєтъ.   22. і никътоже ни
въливаєтъ вина нова въ мѣхъі ветъхъі· аште ли же ни,
просадитъ вино ново, і вино пролѣєтъ сѧ, і мѣси погꙑб-
нѫтъ· нъ вино новоє въ мѣхъі новъі въльѣти.   23. і
бъістъ мимо ходѧштоу ємоу въ сѫботꙑ сквѣзѣ сѣѣниѥ,
і начѧшѧ оученици єго пѫть творити въстръгаѭште кла-
съі.   24. і фарисеи глаголаахѫ ємоу· виждь, чьто творѧтъ
въ сѫботꙑ, єгоже не достоитъ: 25. і тъ глаголааше имъ·
нѣсте ли николиже чьли, чьто створи давꙑдъ, єгда трѣбова
і възалка самъ і иже бѣахѫ съ нимь: 26. како вьниде
въ храмъ божии при авиафарѣ архиереи, і хлѣбꙑ прѣдъ-
ложениѥ сънѣстъ, іхъже не достоинѥ ѣсти тъкмо иереомъ:
27. і глаголааше имъ исоусъ· сѫбота чловѣка ради бъістъ,
а не чловѣкъ сѫботꙑ ради.   28. тѣмьже господь єстъ
сънъ чловѣчьскꙑ сѫботъ.

III.

1. і вьниде пакꙑ въ сънькалиште, і бѣ тоу чловѣкъ
соухѫ рѫкѫ имꙑ·   2. і назираахѫ і, аште въ сѫботѫ

ицѣлитъ і, да на нь въꙁглаголѭтъ. 3. і глагола чловѣкоу имѫщоуемоу соухѫ рѫкѫ стани по срѣдѣ. 4. і глагола имъ достоі ли въ сѫботы добро творити ли ꙁъло
творити: доушѫ съпасти ли погоубити: они же мльча-
ахѫ. 5. въꙁьрѣвъ на нꙗ съ гнѣвомь, скръбѧ о окаме-
нении срьдьца ихъ, глагола чловѣкоу простьри рѫкѫ твоѭ.
і простьрѣ, і оутврьди сѧ рѫка его ицѣла ѣко дроугаѣ.
6. і абие шьдъше фарисеи сь иродигаиы съвѣтъ сътва-
рѣахѫ на нь, како і бѫ погоубили. 7. исоусъ же отиде сь
оученикы своими въ морꙗ· і миогъ народъ отъ галилеѩ
по немь идошѧ, і отъ иꙋдеѩ, 8. і отъ ероусалима і отъ
иꙋдумѣꙗ і сь оного полоу иордана· і сѫщеи отъ тоурѣ
і сидона, много мъножьство, слышавъше, елико сътварѣ-
аше, придошѧ къ немоу. 9. і рече оученикомъ своімъ, да
естъ при немь ладиица, народа ради, да не сътѧжаѭтъ
емоу. 10. мъногы бо ицѣли, ѣко нападаахѫ емь, хотѧ-
ште прикоснѫти сѧ емь, елико имѣахѫ раны. 11. і егда
видѣахѫ і доуси нечистии, припадаахѫ въ немоу, і въ-
шикꙋхѫ, глаголѭште ѣко ты еси христосъ сынъ божии.
12. і много прѣщааше имъ, да авѣ творѧтъ его, ѣко
вѣдѣахѫ христа самого сѫща. 13. і възиде на горѫ, і
приꙁъва ꙗже самъ въсхотѣ· і идошѧ къ немоу. 14. і
сътвори .ві., да бѫдѫтъ съ нимь і посылаетъ ꙗ проповѣдати. 15. і имѣти область цѣлити недѫгы і изго-
нити бѣсы· 16. і нарече има симоноу петръ· 17. гꙗко-
ва ꙁеведеова і иоан'на, брата гꙗковѣ· і нарече има именѣ
воанириген, еже естъ сына громова· 18. і андрѣѭ и филипа і вар'толомеа і мат'теа мъытарѣ і томѫ· і и[ѣ]кова ал-
феова і тадеа і симона кананѣа, 19. иꙋдѫ искариотъскааго,
еже і прѣдастъ. 20. і придошѧ въ домъ, і събьрашѧ сѧ
пакы народи, ѣко не мошти имъ ни хлѣба съпѣсти. 21. і
слышавъше еже бѣахѫ оу него иꙁидѫ ꙗти і глаголаахѫ
бо· ѣко неистовъ естъ. 22. і кънижьници низъшьдъше
отъ ероусалима глаголаахѫ· ѣко велꙁѣоула иматъ, і ѣко
о кънѧꙁи бѣсъ изгонитъ бѣсы. 23. і приꙁъвавъ ꙗ, въ
притъчахъ глаголааше имъ· како можетъ сотона сотонѫ
изгънати: 24. і аште цѣсарьство на сѧ раздѣлитъ сѧ,
не можетъ стати цѣсарьство то· 25. і аште домъ на сѧ
раздѣлитъ сѧ, не можетъ стати домъ тъ· 26. і аште

сотона самъ въста на са і раздѣли са, не можетъ стати,
нъ коньчинѫ иматъ. 27. никътоже не можетъ съсѫдъ
крѣпъкаего, въшьдъ въ домъ его, расхытити, аште не
прѣвѣе крѣпъкаего съважетъ, і тъгда домъ его расхы-
титъ. 28. амин[ъ] глаголѭ вамъ, ѣко всѣ отъпоустатъ
са съномъ чловѣчьскомъ съгрѣшенѣ і влас[ви]ѣниѣ, елико
аште власвиѣнисаѭтъ. 29. а іже аште власвиѣнисаетъ на
свѧтъі доухъ, не иматъ отъпоуштениѣ въ вѣкъі.

IV.

11. [вамъ естъ дано видѣти тайнаѣ цѣсарьства божиѣ, онѣмъ же вънѣштьнииѣмъ въ притъчахъ] вьсе бъіваетъ: 12. да видаште видатъ, і не оузьратъ і слъі-
шаште слъішатъ, і не разоумѣѭтъ егда обрататъ са і
отъпоустатъ са имъ грѣси. 13. і глагола имъ: не вѣсте
ли притъча сеѩ; і како вса притъча оумѣете: 14. сѣѩи
слово сѣетъ. 15. се же сѫтъ ѣже на пѫти, идеже сѣетъ
са слово, і, егда оуслъішитъ, авие придетъ сотона, і отъиметъ слово сѣаное въ срѣдьцихъ ихъ. 16. і си такожде
сѫтъ иже на каменихъ сѣеми, иже, егда слъішатъ слово,
авье съ радостиѭ приемлѭтъ е. 17. і не имѫтъ корене въ
себѣ, нъ врѣменни сѫтъ: по томь же бъівъши печали ли
гонению словесе ради авье съблажнѣѭтъ са. 18. а си сѫтъ
сѣани въ трьнии, слъішаштеи слово, 19. і печали вѣка
сего і льсть богатьствиѣ і о прочихъ похоти въходаштѩ
подавлѣѭтъ слово, і бес-плода бъіваетъ. 20. а си сѫтъ
сѣани на добрѣи земли, иже слъішатъ слово і приемлѭтъ
е і плодатъ са на [г. и м. и р.] 21. і глаголааше имъ:
егда приходитъ свѣтильникъ, да подъ спѫдомь положенъ
бѫдетъ ли подъ одромь; не да ли на свѣштьникъ възло-
жатъ і: 22. нѣстъ бо ничьтоже тайно, еже не авитъ са:
ни бъістъ потаено, нъ да придетъ въ авление. 23. еже
иматъ оуши слъішати, да слъішитъ. 24. і глаголааше
имъ: блюдѣте са, чьто слъішите. въ нѭже мѣрѫ мѣрите,
намѣритъ са вамъ, і приложитъ са вамъ слъішаштеи-
мъ. 25. иже бо аште иматъ, дастъ са емоу: а иже не
иматъ, і еже иматъ, отъиметъ са отъ него. 26. і глаголааше: тако естъ цѣсарьствие божие, ѣкоже чловѣкъ въмѣ-

таетъ сѣмѧ въ землѭ,   27. і съпитъ, і въстаетъ нощтъ
і дьнь, і сѣмѧ прозѧбаетъ і растетъ, ꙗкоже не вѣстъ
онъ.   28. въ себѣ бо землѣ плодитъ сѧ, прѣжде трѣбѫ,
по томь же класъ, по томь же пьшеницѭ въ класѣ.
29. егда же съзьрѣетъ плодъ, посълетъ сръпъ, [ꙗко] на-
стоитъ жатва.   30. і глаголааше чесомоу оуподобимъ
цѣсарьствие божие; ли кое притъчи приложимъ е; 31. ꙗко
гороушьнѣ зрьнѣ, еже, егда въсѣно бѫдетъ въ землѭ,
мьне всѣхъ естъ сѣменъ земльныхъ;   32. і егда въсѣно
бѫдетъ, възд растетъ, і бѫдетъ болѣ всѣхъ зелии, і творитъ вѣтви велиꙗ, ꙗко мошти подъ сѣниѭ его птицамъ
небескыимъ витати.   33. і тацѣми притъчами многами
глаголааше имъ слово, ꙗкоже можаахѫ сълышати.   34. бес-
притъча же не глаголааше имъ; единъ же съказааше оученикомъ своимъ всѣ.   35. і глагола имъ въ тъ дьнь
вечероу бывъшю; прѣидѣмъ на онъ полъ.   36. отъпоу-
штьше народъ поꙗша и, ꙗкоже бѣ въ ладии і ины же
ладиꙗ бѣахѫ съ нимь.   37. і бꙑстъ боурѣ вѣтръна
велик; вльны же въливаахѫ сѧ въ ладиѭ, ꙗко оуже по-
гразнѫти хотѣаше.   38. і бѣ самъ на крьмѣ на дохътерѣ
съпѧ; і възбоудишѧ и, і глаголаахѫ емоу оучителю, не
родиши ли, ꙗко погꙑбаемъ;   39. і въставъ запрѣти
вѣтроу, і рече морю; мльчи, і оустани. і оулеже вѣтръ, і
бꙑстъ тишина велѣ.   40. і рече имъ чьто тако страши-
ви есте; како не имате вѣры;   41. і възбоꙗшѧ сѧ стра-
хомь велиемь, і глаголаахѫ дроугъ къ дроугоу: кто оубо
сь естъ, ꙗко і вѣтри і море послоушаѭтъ его;

V.

1. І придѫ на онъ полъ морѣ, въ странѫ гадарин-
скѫ.   2. і излѣзъшю же емоу іс-корабѣѣ, абие срѣте и
отъ гробъ чловѣкъ доухомь нечистомь,   3. іже жилиште
имꙗаше въ гробѣхъ; і ни желѣзномь ѫжемь его никтоже
не можааше его съвѧзати,   4. за не емоу много кратꙑ
пѫтꙑ и ѫжи желѣзнꙑ съвѧзаноу сѫштю прѣтръзаахѫ
сѧ отъ него ѫжа желѣзнаꙗ і пѫта съкроушаахѫ сѧ, і никтоже его не можааше оумлѫчити;   5. і въ вьсѧ дьни и
нощти въ гробѣхъ і въ горахъ бѣ въпиѩ и тлъкꙑ сѧ

камєнничѣмь.   6. оузьрѣвъ же їсоуса їз-далєчє тєчє ї поклони сѧ ємоу,   7. ї къзъвикъ гласомь вєлиємь глаголаʼ чьто мьнѣ ї тєбѣ, їсоусє, сꙑнє бога въшьнѣʼкєго: заклинаѭ тѧ богомь, нє мѫчи мєнє.   8. глаголааше бо ємоу їзиди, доуше нєчистꙑ, отъ чловѣка.   9. ї къпрашааше и: како ти єстъ имѧ: ї глагола ємоу лєгеонъ мьнѣ имѧ єстъ, ѣко мнози єсмъ.   10. ї молѣаше ї много, да нє посълєтъ ихъ кромѣ странꙑ.   11. къ же тоу стадо свино пасомо вєлиє при горѣ.   12. ї молиша ї вси бѣси, глаголѭщє посъли нꙑ въ свиниѧ, да въ нѧ вънидємъ.   13. ї абиє повєлѣ имъ їсоусъ. ї ишьдъше доуси нєчистии вънидошѧ въ свиниѧ, ї оустрьми сѧ стадо по брѣгоу въ морє къ же ихъ ѣко двѣ тꙑсѫщти ї оутапаахѫ въ мори.   14. ї пасѫштеи свиниѧ бѣжашѧ, ї възвѣстишѧ въ градѣ ї на сєлѣхъ. ї придѫ видѣтъ бꙑвъшааго·   15. ї придѫшѧ къ їсоусови, ї видѣшѧ бѣсьновавъшааго сѧ сѣдѧшта обльчена ї съмꙑслѧшта, имѣвъшааго лєгеонъ, ї оубоѣшѧ сѧ·   16. ї повѣдѣшѧ имъ видѣвъшеи, како бꙑстъ бѣсьноумоу, ї о свиниѣхъ.   17. ї начашѧ молити ї отити отъ прѣдѣлъ ихъ.   18. ї въходѧштоу ємоу въ ладиѭ молѣаше ї бѣсьновавꙑ сѧ, да би съ нимь бꙑлъ.   19. їсоусъ же нє дастъ ємоу, нъ глагола ємоу їди въ домъ твои къ твоимъ, ї възвѣсти имъ, єлико ти господь сътвори, ї помилова тѧ.   20. ї идє, ї начѧтъ проповѣдовати въ дєкаполи, єлико сътвори ємоу їсоусъ ї вси дивлѣахѫ сѧ.   21. ї прѣѣхъшоу [є]моу въ корабли пакꙑ на онъ полъ събъра сѧ народъ многъ о нємь ї бѣ при мори.   22. ї сє, придє єдинъ отъ архисунагога, имєнємь їаїръ, ї видѣвъ ї падє на ногоу єго·   23. ї молѣаше и много, глаголѧ ѣко дъшти моѣ на коньчинѣ єстъ да пришьдъ възложиши на нѭ рѫцѣ, да съпасена бѫдєтъ, ї оживєтъ.   24. ї идє съ нимь и по нємь їдѣаше народъ многъ, ї оугнѣтлаахѫ и.   25. ї сє, жена єтєра сѫшти въ точєнии кръвє лѣтъ .в҃і.,   26. ї много пострадавъши отъ мъногъ врачєвъ ї иждивъши вьсє своє ї ни єдиноѭ польза обрѣтъши, нъ пачє въ горе пришьдъши,   27. слꙑшавъши о їсоусѣ, пришьдъши въ народѣ съ зади, прикоснѫ сѧ ризѣ єго.   28. глаголааше бо ѣко, аштє прикоснѫ сѧ поиѣ ризѣ єго, съпасена бѫдѫ.   29. ї абиє исѧкнѫ источьникъ кръвє єѧ.

разоумѣ тѣлолѣ, ѣко ицѣлѣетъ отъ раны. 30. і абье
исоусъ оштютитъ въ себѣ силѫ ишъдъшѧ отъ него, обраштъ
сѧ въ народѣ глаголааше къто прикоснѫ сѧ ризѣ моихъ:
31. і глаголашѧ емоу оученици его· вида народъ оугнѣ-
таѭшть тѧ і глаголеши къто сѧ прикоснѫ мнѣ; 32. і
озираше сѧ видѣти сътворьшѫѭ се. 33. жена же оу-
боѣвъши сѧ і трепештѫшти, вѣдѫшти, еже бꙑстъ еі, приде і припаде къ немоу, і рече емоу вьсѫ истинѫ. 34. исоусъ
же рече еі дъшти, вѣра твоѣ съпасе тѧ. іди съ миромъ,
і бѫди цѣла отъ раны твоеѩ. 35. еште глаголѭштю
емоу придошѧ отъ архисунагога, глаголѭште· ѣко дъшти
твоѣ оумрѣтъ· чьто движеши оучителѣ; 36. исоусъ же
слꙑшавъ слово глаголемое глагола архисунагогови· не боі
сѧ, тъкъмо вѣроуі. 37. і не остави іти по себѣ ни еди-
ногоже, тъкъмоу петра ꙇꙗкова ꙇоана, брата ꙇꙗковлѣ. 38. і
приде въ домъ архисунагоговъ, і видѣ млъвѫ і плачѫ-
штѧ сѧ і кличѫштѧ много. 39. і въшедъ глагола имъ·
чьто млъвите і плачете сѧ: отроковица нѣстъ оумрълꙑ,
нъ съпитъ. 40. і рѫгаахѫ сѧ емоу. онъ же изгънавъ
вьсѧ поꙗтъ отьца отроковицѧ і матерь і иже бѣшѧ съ
нимь, і въниде, идеже бѣ отрочѧ лежѧ. 41. і имъ за рѫкѫ отроковицѫ глагола еі талита, коумъ· еже естъ съка-
заемо дѣвице, тебѣ глаголѭ, въстани. 42. і абье въста
дѣвица, і хождааше бѣ бо лѣтома ді., і оужасашѧ сѧ
оужасомь велиемь. 43. і запрѣти имъ много, да никътоже
не оувѣстъ сего. і рече дадите еі ѣсти.

VI.

1. і ишъдъ отъ тѫдѣ і приде въ отьчъство свое і
по немь ідошѧ оученици его. 2. і бꙑвъши сѫботѣ начатъ на съньмишти оучити і мнози слꙑшавъше дивлѣахѫ сѧ оучении его, глаголѭште· отъ кѫдѣ се естъ семоу:
і чьто прѣмѫдрость данаꙗ емоу, і силꙑ такꙑ рѫкама его
бꙑваѭтъ: 3. не съ ли естъ тектонъ, сꙑнъ мариинъ, і
братръ же ꙇꙗковоу і осии і июдѣ і симоноу: не і ли сестрꙑ
его сѫтъ сьде въ насъ: і съблажнѣахѫ сѧ о немь. 4. і глаголааше же имъ исоусъ, ѣко нѣстъ пророкъ бештъсти,
тъкъмо въ своемь отьчъствии і въ рождении і въ домоу

СВОЕМОУ. 5. І НЕ МОЖААШЕ ТОУ НИЕДИНОІАЖЕ СИЛЫ СЪТВО-
РИТИ, ТЪКЪМО НА МАЛО НЕДЪЖЬНИКЪ ВЪЗЛОЖИ РѪЦѢ І ИЦѢ-
ЛИ. 6. І ДИВИ СѦ ЗА НЕВѢРЬСТВИЕ ІХЪ І ОБЪХОЖДААШЕ
ГРАДЬЦѦ ОУЧѦ. 7. І ПРИЗЪВАВЪ ОБА НА ДЕСѦТЕ І НАЧѦТЪ
СЪЛАТИ ДЪВА ПЪ ДЪВА, І ДАААШЕ ИМЪ ВЛАСТЬ НА ДОУСѢХЪ
НЕЧИСТЪИХЪ. 8. І ЗАПРѢТИ ИМЪ, ДА НИЧЕСОЖЕ НЕ ВЪЗЕМЛѪТЪ
НА ПѪТЬ, ТЪКЪМО ЖЬЗАЛЪ ЕДИНЪ ПИ ПИРЫ, НИ ХЛѢБА, НИ ПРИ
ПОѤСѢ МѢДИ 9. Н[Ъ] ОБОУВЕНИ ВЪ САНДАЛИЯ І НЕ ОБЛАЧИТИ
СѦ ВЪ ДЪВѢ РИЗѢ. 10. І ГЛАГОЛААШЕ ИМЪ ІДЕ ЖЕ КОЛИЖЬДО
ВЪНИДЕТЕ ВЪ ДОМЪ, ТОУ ПРѢБЪІВАИТЕ, ДО ІДЕЖЕ ІЗИДЕТЕ ОТЪ
ТѪДѢ. 11. І ЕЛИКО АЩТЕ НЕ ПРИЕМЛѪТЪ ВАСЪ, НИ ПОСЛОУ-
ШАЮТЪ ВАСЪ, ИСХОДѦЩТЕ ОТЪ ТѪДОУ ОТЪТРѦСѢТЕ ПРАХЪ,
ІЖЕ ЕСТЪ ПОДЪ НОГАМИ ВАШИМИ, ВЪ СЪВѢДѢТЕЛЬСТВО ИМЪ.
АМИН[Ъ] ГЛАГОЛѪ ВАМЪ, ОТЪРАДЬНѢЕ БѪДЕТЪ СОДОМОМЪ ЛИ
ГОМОРѢНЕМЪ ВЪ ДЬНЬ СѪДЪНЫ НЕЖЕ ГРАДОУ ТОМОУ. 12. І
ИШЬДЪШЕ ПРОПОВѢДААХѪ, ДА ПОКАЮТЪ СѦ 13. І БѢСЫ
МНОГЫ ІЗГАНѢАХѪ, І МАЗААХѪ ОЛѢОМЬ МНОГЫ НЕДѪЖЬНЪИ,
І ИЦѢЛѢАХѪ. 14. І ОУСЛЫША ЦѢСАРЬ ІРОДЪ СЛОУХЪ ІСОУ-
СОВЪ, АВѢ БО БЫСТЪ ИМѦ ЕГО, І ГЛАГОЛААШЕ ѢКО ІОАНЪ
ВРЬСТАІ ВЪСТА ОТЪ МРЪТВЪИХЪ, І СЕГО РАДИ СИЛЫ ДѢЮТЪ
СѦ О НЕМЬ. 15. ИНИ ЖЕ ГЛАГОЛААХѪ ѢКО ИЛИѢ ЕСТЪ. ИНИ ЖЕ
ГЛАГОЛААХѪ ѢКО ПРОРОКЪ ЕСТЪ, ѢКО ЕДИНЪ ОТЪ ПРОРОКЪ.
16. СЛЫШАВЪ ЖЕ ІРОДЪ РЕЧЕ ѢКО ЕГОЖЕ АЗЪ ОУСѢКНѪХЪ
ІОАНА, СЬ ЕСТЪ ТЪ ВЪСТА ОТЪ МРЪТВЪИХЪ. 17. ТЪ БО
ІРОДЪ ПОСЪЛАВЪ ІАТЪ ІОАНА, І СЪВѦЗА І ВЪ ТЬМЬНИЦИ, ІРО-
ДИѢДЪІ РАДИ, ЖЕНЫ ФИЛИПА, БРАТА СВОЕГО, ѢКО ОЖЕНИ СѦ
ЕѬ. 18. ГЛАГОЛААШЕ БО ІОАНЪ ІРОДОВИ ѢКО НЕ ДОСТОИТЪ
ТЕБѢ ИМѢТИ ЖЕНЫ ФИЛИПА БРАТРА СВОЕГО. 19. ІРОДИѢ ЖЕ
ГНѢВААШЕ СѦ НА НЬ, І ХОТѢАШЕ І ОУБИТИ, І НЕ МОЖААШЕ.
20. ІРОДЪ БО БОѢШЕ СѦ ІОАНА, ВѢДЫ МѪЖА ПРАВЬДЪНА І
СВѦТА, І ХРАНѢАШЕ Г І ПОСЛОУШАѦ ЕГО МЪНОГО ТВОРѢАШЕ.
І ВЪ СЛАСТЬ ЕГО СЛОУШААШЕ. 21. І ПРИКЛЮЧЬШЮ СѦ ДЬНИ
ПОТРѢБЬНОУ, ЕГДА ІРОДЪ РОЖДЬСТВОУ СВОЕМОУ ВЕЧЕРѦ ТВОРѢ-
АШЕ КЪНѦЗЕМЪ СВОИМЪ І ТЫСѦЩТЬНИКОМЪ І СТАРѢИШИНАМЪ
ГАЛИЛѢИСКАМЪ. 22. І ВЪШЬДЪШИ ДЪШТЕРИ ЕѦ ІРОДИѢДѢ
І ПЛѦСАВЪШИ І ОУГОЖДЬШИ ІРОДОВИ І ВЪЗЛЕЖАЩТИМЪ СЪ
НИМЬ, РЕЧЕ ЦѢСАРЬ ДѢВИЦИ ЕМОУЖЕ АЩТЕ ХОШТЕШИ, ДАМЬ
ТИ. 23. І КЛѦТЪ СѦ ЕИ ѢКО ЕГОЖЕ АЩТЕ ПРОСИШИ, ДАМЬ
ТИ, ДО ПОЛЪ ЦѢСАРЬСТВИѢ МОЕГО. 24. ОНА ЖЕ ІШЬДЪШИ

рече къ матери своеі чесо прошоу; она же рече главы іоана
крьстителѣ. 25. і въшьдъши абье съ тъщаниемь къ
цѣсарю просі, глаголжшти хоштж, да мі даси оусѣченж
на блюдѣ главж іоана крьстителѣ. 26. і присквръбьнъ
бъістъ цѣсарь, за клатвы і възлежаштихъ съ нимь не
въсхотѣ отърешти са еі. 27. і абье посълавъ цѣсарь
воина повелѣ принести главж его. 28. онъ же шьдъ оу-
сѣкнж і въ тьмьници, і принесе главж его на блюдѣ, і дастъ дѣвици, і дѣвица дастъ ιж матери своеі. 29. і слышавъше оученици его придоша, і възаша троупъ его, і
положиша і въ гробѣ. 30. і събъраша са апостоли къ
исоусоу, і възвѣстиша емоу всѣ, елико сътвориша і елико
наоучиша. 31. і рече імъ придѣте вы сами въ мѣсто
едино, і почиите мало. бѣахж бо приходаштеі і оходаштеі
мнози, і не бѣ імъ коли понѣ ѣсти. 32. і идоша въ
поусто мѣсто кораблемь едини. 33. і видѣша ιж ѵдж-
шта і познаша ιж мнози, і пѣши отъ всѣхъ градъ тьша
тамо, і вариша ιж. 34. і шьдъ исоусъ видѣ народъ
многъ, і мили емоу быша, за не бѣахж ѣко овьцѣ не
імжшта пастоуха, і начатъ оучити ιж много. 35. і ми-
нжвъшю часоу пристжпльше къ немоу оученици его глаголаша: ѣко поусто естъ мѣсто, і оуже година мина.
36. отъпоусти ιж, да шьдъше въ окръстьнихъ селѣхъ
і въсехъ коупатъ себѣ хлѣбы не імжтъ бо чесо ѣсти.
37. онъ же отъвѣщавъ рече імъ: дадите імъ вы ѣсти.
і глаголаша емоу: да шьдъше коупимъ двѣма сътома
пѣназь хлѣбы, і дамъ імъ ѣсти; 38. онъ же глагола
імъ: колико хлѣбъ іматe; хлѣбъ: идѣте [и ви]дите. і оувѣдѣвъ-
ше глаголаша: .д. хлѣбъ і .к. рыбѣ. 39. і повелѣ імъ
посадити ιж вса на споды на споды на трѣвѣ зеленѣ. 40. і
възлегоша на лѣхы на лѣхы, по съто́у і пати десатъ.
41. і приимъ .д. хлѣбъ і .к. рыбѣ і възьрѣвъ на небо
благослови і прѣломи хлѣбы, і даѣше оученикомъ своимъ,
да полагажтъ прѣдъ ними і обѣ рибѣ раздѣли всѣмъ.
42. і ѣшѧ вси, і насытиша са. 43. і възаша оукроухъ
.бι. коша исплънь, і отъ рыбоу. 44. ѣдъшихъ же въ
хлѣбы пать тысжшть мжжь. 45. і абье оувѣди оученикы своѧ вьнити въ корабль і варити і на ономь полоу
къ видѣсаидѣ, до ндеже самъ отъпоуститъ народы.

46. ꙇ отъректъ сѧ имъ ꙇде въ горѫ помолитъ сѧ. 47. ꙇ ве-
черъ бъівъшю бѣ во корабли по срѣдѣ морѣ, а съ единъ
на земли. 48. ꙇ видѣвъ ꙗ страждѫштıа въ гребенıи бѣ
во вѣтръ противьнъ имъ; ꙇ при четврътꙑ стражи ноштъ-
нꙑ ꙇ приде къ нимъ, по морю ходѧ, ꙇ хотѣ миꙁнѫти ıа.
49. они же, видѣвъше ꙇ по морю ходѧшть, непьщевашѧ
призракъ бъіти, ꙇ въꙁъвашѧ. 50. вьси во видѣвъше ꙇ въꙁ-
мѧтошѧ сѧ. онъ же абье глагола съ ними, ꙇ рече имъ
дръꙁаите аꙁъ есмь, не боите сѧ. 51. ꙇ въниде къ нимъ
въ корабль, ꙇ оулеже вѣтръ; ꙇ ѕѣло иꙁлиха дивлѣахѫ сѧ,
ꙇ оужасаахѫ сѧ. 52. не раꙁоумѣшѧ во о хлѣбѣхъ, нъ
бѣ срьдьце ихъ окамеꙇено. 53. ꙇ прѣкꙑлавъше придошѧ
въ ꙁемлѭ ꙵениꙗаретъскѫ, ꙇ присташѧ. 54. ꙇшъдъшемъ
же имъ ис-корабл҄ѣ абье поꙁнашѧ и, 55. ꙇ прѣтѣкъшѧ вьсѫ
странѫ тѫ, ꙇ начѧсѧ приносити на одрѣхъ болѧштѧꙗ,
ꙇдеже слꙑшаахѫ и ꙗко тоу естъ. 56. ꙇ ꙗможе колижьдо
въхождааше въ вьси ли въ градꙑ ли въ села, на распѫ-
тихъ полагаахѫ недѫжьнъꙗ ꙇ молѣахѫ и, да понѣ въс-
криꙇлиꙇ риꙁꙑ его прикоснѫтъ сѧ; ꙇ елико аште прикасаахѫ
сѧ емь, съпасени бъіваахѫ.

VII.

1. ꙇ събьрашѧ сѧ къ ꙇемоу фарисеꙇ ꙇ етери отъ
кьнижьникъ, пришьдъше отъ ероусалима. 2. ꙇ видѣша
етери отъ оученикъ его нечистама рѫкама, сирѣчь неоумъвеꙇама, ѣдѫштѧ хлѣбꙑ, ꙁаꙁьрхꙋꙗ. 3. фарисеꙇ во ꙇ
вси июдеꙇ, аште не оумꙑваѭтъ рѫкоу тькрˑмите, не ѣдѧтъ,
дрьжѧште прѣданиꙇе старьцъ. 4. ꙇ отъ кꙑпли, аште
не покꙑплѭтъ сѧ, не ѣдѧтъ; ꙇ ина многа сѫтъ, ѣже при-
ꙗшѧ дрьжати, крьштениꙇ стькльницамъ ꙇ чьваномъ ꙇ
котьломъ ꙇ одромъ. 5. по томь же въпрашаахѫ ꙇ фарисеꙇ ꙇ кьнижьꙇици по чьто не ходѧтъ оученици твоꙇ
по прѣданиꙇю старьцъ, нъ неоумъвеꙇама рѫкама ѣдѧтъ
хлѣбъ: 6. онъ же отъвѣштавъ рече имъ ѣко въ правъдѫ
добрѣ рече исаꙇа о васъ, лицемѣри, ѣкоже естъ псаꙇо си
людиꙇе оустꙑнами чьтѫтъ мѧ, а срьдьце ихъ далече
отъстоитъ отъ мене. 7. въ соуꙇ же чьтѫтъ мѧ, оучѧ-
ште оученꙇꙇ ꙁаповѣдꙇ чловѣчьскꙑ. 8. оставльше во

заповѣдь божиѭ дръжите прѣдание чловѣчьска, крьщениѣ връчагомъ і стьклѣницамъ і ина подобьна таковѣ творите многа. 9. і глаголаша имъ добрѣ отъмѣтаете сѧ заповѣди божиѣ, да прѣдание ваше съблюдете. 10. мосп бо рече чьти отьца твоего і матерь твоѭ і, іже злословитъ отьца лп матерь, съмрьтиѭ да оумьретъ. 11. вы же глаголете аще речетъ чловѣкъ отьцю лп матери корванъ, еже естъ даръ, і еже аще отъ мене польꙃевалъ еси. 12. і въ тому не оставлѣете его ничьтоже сътворити отьцю своему ли матери своеи, 13. прѣстѫплѣѭте слово божие прѣданиемь вашимь, еже прѣдасте і подобьна такова многа творите. 14. і призъвавъ вьсь народъ глаголааше имъ послоушаите мене вси, і разоумѣваите. 15. ничьтоже нѣстъ, еже вънѣѭдоу чловѣка въходѧ въ нь не можетъ осквръпити нъ исходѧштаа сѫтъ съвръшашта чловѣка. 16. аще къто иматъ оуши слꙑшати, да слꙑшитъ. 17. і егда вьниде исоусъ въ домъ отъ народа, въпрашаахѫ і оученици его о притъчии. 18. і глагола имъ тако ли вы неразоумьливи есте: не разоумѣете ли, ꙗко вьсько, еже із-вьноу въходитъ въ чловѣка, не можетъ его осквръпити: 19. ꙗко не въходитъ ему въ срѫдьце, нъ въ чрѣво, і сквозѣ афредонъ исходитъ, истрѣвлѣѩ вьсѣ брашьна. 20. глаголааше же ꙗко исходѧштее отъ чловѣка то сквръпитъ чловѣка. 21. із-ѫтрьѫдоу бо отъ срѫдьца чловѣчьска помꙑшлѣниѣ зълаѣ исходѧтъ, прѣлюбодѣанѣ, любодѣание, оубииства, 22. татьбꙑ, обидꙑ, лѫкавьства, льсть, стоудодѣание, око лѫкаво, хоулѣние, грѫдꙑни, безоумие. 23. вьсѣ си зълаѣ із-ѫтрш исходѧтъ, і сквръпаѭтъ чловѣка. еже иматъ оуши слꙑшати, да слꙑшитъ. 24. і отъ тоудоу въставъ иде въ прѣдѣлꙑ тоурьскꙑ і сидоньскꙑ. і въшьдъ въ домъ не хотѣаше, да би къто чюлъ, и не може оутагти сѧ. 25. слꙑшавъши бо жена о немь, еѩже дъшти имѣаше доухъ нечистъ, пришьдъши припаде къ ногама его 26. жена же въ поганꙑни, сурофуникисанꙑни родомь і молѣаше и, да бꙑденетъ бѣсъ із-дъштере еѩ. 27. исоусъ же рече еи остани, да прьвѣе насꙑтатъ сѧ чада нѣстъ бо добро отѧти хлѣба чадомъ і пьсомъ поврѣшти. 28. она же отъвѣштавъши рече емоу еи, господи ибо пьси подъ трепезоѭ ѣдатъ отъ кроупиць дѣтьскъ. 29. і рече еи

за слово се, иди изиде бѣсъ из-дъщере твоѩ. 30. і шꙑ-
дъши домови обрѣте отроковицѫ лежѫштѫ на одрѣ і бѣсъ
шьдъшь. 31. і пакꙑ шьдъ исоусъ отъ прѣдѣлъ тур-
скъ і сидоньскъ приде въ море галилеіское междю прѣдѣлꙑ декаполъскꙑ. 32. і приведошѧ къ нѥмоу глоухъ
гльнивъ, і молѣахѫ і, да възложитъ на нь рѫкѫ.
33. і поимъ і едінъ отъ народа въложи прьстꙑ своѩ въ
оуши его, і плинѫвъ косⷩꙗ и въ ѩзꙑкъ, 34. і възьрѣвъ
на небо въздъхнѫвъ і глагола емоу ефѳата, еже естъ
разврѣзи сѧ. 35. і абие разврѣзосте сѧ слоуха его і раз-
дрѣши сѧ ѫза ѩзꙑка его, і глаголааше чисто. 36. і запрѣти имъ, да никомоуже не повѣдатъ елико же имъ тъ
запрѣщааше, они паче излиха проповѣдаахѫ. 37. і прѣ-
злиха дивлѣахѫ сѧ, глаголѭште добрѣ вьсе творитъ і
глоухꙑѩ творитъ слꙑшати і нѣмꙑѩ глаголати.

VIII.

1. Въ тꙑ дьни пакꙑ многоу народоу сѫщю і не
имѫщемъ чесо ѣсти, призъвавъ исоусъ оученикꙑ своѩ
глагола имъ 2. милъ ми естъ народъ съ ѣко оуже три
дьни присѣдатъ мнѣ, і не имѫтъ чесо ѣсти. 3. і аще
отъпоущѫ ꙗ не ѣдъша въ домꙑ своѩ, ослабѣѭтъ на
пѫти дроузии бо отъ нихъ из-далече сѫтъ пришьли. 4. отъ-
вѣщаша емоу оученици его отъ кѫдоу можетъ къто
сиꙗ насꙑтити хлѣбꙑ на поустꙑни: 5. і въпроси ѩ колико
імате хлѣбъ; они же рѣша жь. 6. і повелѣ народоу възъ-
лещи на земли і приимъ седмь тꙑ хлѣбъ хвалѫ въздавъ
прѣкломи, і даꙗше оученикомъ своимъ, да прѣдъполагаѭтъ
і положишѧ прѣдъ народомъ. 7. і имѣахѫ рꙑбицъ мало
і тꙑ благословивъ рече прѣдъложите і тꙑ. 8. ѣша же
і насꙑтишѧ сѧ і възѧшѧ избꙑтъкꙑ оукроухъ седмь ко-
шьницъ. 9. бѣ же ѣдъшихъ ѣко четꙑри тꙑсѧща
і отъпоусти ꙗ. 10. і абие вълѣзъ въ корабь съ оученикꙑ своими приде въ странꙑ далъманоуѳанⷩскꙑ. 11. і
изидѫ фарисеи, і начашѧ сътѧзати сѧ съ нимь, искꙑще
отъ нѥго знамениѣ съ небесе, искоушаѭште и. 12. і въздъхнѫвъ доухомь своимь глагола чьто родось знамениѣ
иштетъ; аминⷩъ] глаголѭ вамъ аще дастъ сѧ родоу семоу

знамение. 13. і оставь ѩ вълѣзъ пакꙑ въ корабль іде
на онъ полъ. 14. і забꙑшѧ възѧти хлѣбꙑ, і развѣ единого хлѣба не імѣахѫ съ собоѭ въ корабли. 15. і прѣ-
штааше імъ, глаголѧ· видите блюдѣте сѧ отъ кваса фа-
рискіска і отъ кваса иродова. 16. і помꙑшлѣахѫ дроугъ
къ дроугоу, глаголѭште· ѣко хлѣбъ не імамъ. 17. чьто
то помꙑшлѣате, ѣко хлѣбъ не імате; не оу ли чюете, ни
разоумѣете; окаменѣено ли імате срѫдьце ваше; 18. очи
імѫште не видите; і оуши імѫште не слꙑшите; і не помь-
ните ли; 19. егда пѧть хлѣбъ прѣкломихъ въ пѧть тꙑ-
сѧштъ, і колико кошь оукроухъ възѧсте; глаголашѧ емоу
.ві. 20. і егда седмшѧ въ четꙑри тꙑсѧшта, колико кошь-
ницъ исплъніенъ оукроухъ възѧсте; они же рѣшѧ .ж. 21. і
глагола імъ· не оу ли разоумѣете; 22. і приде въ видьк-
саідѫ· і приведошѧ къ немоу слѣпа, і молѣахѫ і, да і
коснетъ. 23. і імъ за рѫкѫ слѣпаего і изведе і вънъ
із-веси і плинѫ на очи его, възложи рѫцѣ на йъ, въпрашааше и, аште чьто видитъ. 24. і възьрѣвъ глаголааше·
виждѫ члѣвкꙑ, ѣко д[ѣвие] виждѫ ходѧштѧ. 25. по
томь же пакꙑ възложи рѫцѣ на очи его, і сътвори і
прозьрѣти· і оутвори сѧ, і оузьрѣ вса свѣтъло. 26. і
посъла і въ домъ его, глаголѧ· ни въ вьсь вьниди, ни
повѣждь никомоуже въ вьси. 27. изиде же исоусъ і
оученици его въ вьсь кесариѩ філиповꙑ· і на пѫти въпрашааше оученикꙑ своѩ, глаголѧ імъ· кого мѧ глаголете
члвѣци бꙑти; 28. они же отъвѣщашѧ· ови іоана
крьстителѣ· і ини илиѭ· а дроузии единого отъ пророкъ.
29. і тъ глагола імъ· вꙑ же кого мѧ глаголете бꙑти;
отъвѣштавъ же петръ глагола емоу· тꙑ еси христосъ.
30. і запрѣти імъ, да никомоуже не глаголѭтъ о немь.
31. і начѧтъ оучити ѩ, ѣко подобаетъ сꙑноу члвѣчь-
скоумоу много пострадати і искоушеноу бꙑти отъ ста-
рьць і архиереі і кънижьникъ і оубиеноу бꙑти і третии
дьнь въскрьснѫти· 32. і не обиноуѩ сѧ слово глаголааше. і приемъ і петръ начѧтъ прѣтити емоу. 33. онъ
же обрашть сѧ і възьрѣвъ на оученикꙑ своѩ запрѣти
петрови, глаголѧ· іди за мьноѭ, сотоно· ѣко не мꙑслиши
ѣже сѫтъ божьѣ, нъ ѣже члѣвчьскаа. 34. і призъвавъ народꙑ съ оученикꙑ своіми рече імъ· іже хоштетъ

по мнѣ іти, да отъврѣжетъ сѧ себе, і възьметъ крьстъ
свои, і градетъ по мнѣ. 35. іже бо аште хоштетъ доушѫ
своѭ съпасти. погоубитъ ѭ і іже погоубитъ доушѫ своѭ
мене ради і еванћелиѣ, тъ съпасетъ сѧ. 36. каѣ бо
естъ польза чловѣкоу, аште приобрѧштетъ і вьсь миръ,
і отъштетитъ доушѫ своѭ; 37. чьто бо дастъ чловѣкъ измѫкнѫ за доушѫ своѭ; 38. іже бо постъідитъ сѧ
мене і моихъ словесъ въ родѣ семь прѣлюбодѣинимь і грѣ-
шьникмь, і съінъ чловѣчьскъі постъідитъ сѧ его, егда
придетъ въ славѣ отьца своего съ анћелъіи свѧтъіими.

IX.

1. І глаголааше імъ· аминь⟨ъ⟩ глаголѭ вамъ, сѫтъ
етери отъ сьде стоѩштиихъ, іже не имѫтъ въкоусити съмрьти, до ньдеже видѧтъ цѣсарьствие божие пришь-
дъшее въ силѣ. 2. і по шести д⟨ь⟩нь поѩтъ исоусъ
петра, іѣкова, юана, і възведе ѩ на горѫ въісокѫ единъі
і прѣобрази сѧ прѣдъ ними, 3. і бъіша ризъі его льбта-
штѧ сѧ, бѣлъі sѣло ѣко і снѣгъ, ѣцѣкъже не можетъ
гнафеі на землѣ тако бѣлити. 4. і ави сѧ імъ илиѣ съ
мосѣомь, і бѣашете глаголѭшта съ исоусомь. 5. і отъ-
бѣштавъ петръ глагола исоусови· рав'ви, добро естъ намъ
сьде бъіти і сътворимъ .г. кровъі, тебѣ единѫ, и мосѣови
единѫ, і иліи единѫ. 6. не вѣдѣаше бо, чьто глаголетъ·
пристрашьни бо бѣахѫ. 7. бъістъ же облакъ осѣнѣѩ
ѩ· і приде гласъ із-облака, глаголѧ· съ естъ съінъ мои
възлюбленъі· послоушаите его. 8. і въ незаапѫ възьрѣкъше
никогоже не видѣша къ томоу, нъ исоуса единого съ
собоѭ. 9. съходѧштемъ же имъ съ горъі запрѣти имъ,
да никомоуже не повѣдѧтъ, ѣже видѣша, тъкъмоу егда
съінъ чловѣчьскъі із-мрьтвъіихъ въскръснетъ. 10. і
оудрьжашѧ слово въ себѣ, сътѧзаѭште сѧ, чьто естъ еже
із-мрьтвъіихъ въскръснѫти. 11. і въпрашаахѫ, глаго-
лѭште· ѣко глаголѭтъ кънижьници, ѣко или подобаетъ
прити прѣжде; 12. онъ же отъвѣштавъ рече имъ· илиѣ
оубо, пришьдъ прѣжде, оустроитъ всѣ· і како естъ псано
о съінѣ чловѣчьсцѣмь, да много пострaждетъ і оуни-
чьжатъ г· 13. нъ глаголѭ вамъ, ѣко илиѣ приде, і

сътворишѩ ємоу, єликоже хотѣшѩ, ꙗкоже єстъ писано о
нємь.   14. і пришъдъ къ оученикомъ видѣ народъ многъ
о нихъ і кънижьникъі сътѩзаѭштѩ сѩ съ ними.   15. і
абьє вьсь народъ видѣвъше и оужасѩ сѩ, і пририштѫште
цѣловаахѫ і.   16. і въпроси кънижьникъі чьто сътѩзаєте
сѩ въ себѣ: 17. і отъвѣштавъ єдинъ отъ народа рече
оучителю, принѣсъ съінъ мои къ тебѣ, имѫштъ доухъ
нѣмъ, глаголъ.   18. єже аште колижьдо іметъ і, разбива-
атъ г і пѣнъі тѣштитъ, і скрьжъштетъ зѫбъі своими, і
оцѣпѣнѣетъ і рѫхъ оученикомъ твоимъ, да бѣдѧтъ і,
і не възмогѫ.   19. онъ же отъвѣштавъ глаголъ ꙍ роде
невѣрънъ, до колѣ въ васъ бѫдѫ; до колѣ трьплѭ въі;
принесѣте и къ мнѣ.   20. і принѣсѩ і къ нємоу і видѣвъ
і доухъ сътрѩсе и і падъ на земли валꙗаше сѩ пѣнъі
тѣштꙗ.   21. і въпроси исоусъ отьца єго коликолѣтъ
єстъ, отъ нѣлиже се бъістъ ємоу; онъ же рече ємоу із-отро-
чиштъі.   22. і мъножицеѭ и въ огнь въвръже і въ водꙑ,
да і бꙑ погоубилъ и, аште можеши, помози намъ, ми-
лосрьдовавъ же о насъ.   23. исоусъ рече ємоу єже аште
можеши вѣровати, вьсѣ възможьна вѣроуѭштюмоу.   24. і
абьє възъкликъ отьць отрочате съ слъзами глаголааше
вѣроуѭ, господи, помози моємоу невѣрью.   25. видѣвъ
же исоусъ, ꙗко сърииштетъ сѩ народъ, запрѣти доухоу
нечистоуму, глаголѩ ємоу нѣмъі і глоухъі доуше, азъ ти
велѭ, изиди ѿ-него, и къ томоу не вниди въ нь.   26. і
възъкликъ і много прѩжавъ сѩ изиде і бꙑстъ ꙗко і мрь-
твъ, ꙗко мнози глаголаахѫ, ꙗко оумрьтъ.   27. исоусъ
же имъ і за рѫкѫ въздвиже и і въста.   28. і въшъдъшю
[є]моу въ домъ оученици єго въпрашаахѫ і єдиного: како
мꙑ не възмогомъ изгънати єго: 29. і рече имъ: тъ родъ
не имаатъ ничимьже изити, тъкъмо молитвоѭ і постомь.
30. і отъ тѫдоу шъдъше идꙋахѫ сквозѣ галилеѭ: і не
хотѣаше, да і къто оувѣстъ.   31. оучааше бо оученикъі
своѩ, і глаголааше имъ: ꙗко съінъ чловѣчьскъі прѣдаѥтъ
бѫдетъ въ рѫцѣ чловѣчьстѣ, і оубиѭтъ г і оубиєнъ бꙑвъ въ трети д[ь]нь въскръснетъ.   32. они же не разоу-
мѣахѫ г[лагола], і боꙗахѫ сѩ въпросити і.   33. і приде въ
каперънаоумъ: і въ домоу бꙑвъ въпрашааше ѩ: чьто на
пѫти въ себѣ помꙑшлꙗашете: 34. они же млъчаахѫ

дроугъ къ дроугоу ко съказаашє сѧ на пѫти, къто єстъ
коли. 35. і сѣдъ гласи оба на дєсѧтє, і глагола імъ·
аштє къто хоштєтъ старѣі къіти, да бѫдєтъ всѣхъ мьніі і всѣхъ слоуга. 36. і приімъ отрочѧ постави є по
срѣдѣ іхъ· і обьімъ є рєчє імъ· 37. іжє аштє єдіно такокъіхъ отрочѧтъ приіметъ въ імѧ моє, мѧ приємлѥтъ· і
іжє аштє мѧ приємлѥтъ, нє мєнє приємлѥтъ, нъ посълавъшааго мѧ· 38. отъвѣшта ємоу іоанъ, глаголѧ· оучитєлю,
видѣхомъ єтєра о імєні твоємъ ізгонѧшта бѣсъі, іжє нє
ходитъ по насъ· і възбранихомъ ємоу, ѣко нє послѣдова
намъ. 39. іисоусъ жє рєчє ємоу· нє браните ємоу· никътожє бо єстъ, іжє творитъ силѫ о моємь імєні, і възможєтъ
въ скорѣ зълословити мѧ. 40. іжє бо нѣстъ на въі, по
васъ єстъ. 41. іжє бо аштє напоитъ въі чашѫ водъі въ
імѧ, ѣко крьстиѣни єстє, амин[ъ] глаголѭ вамъ, нє погоубитъ
мъздъі своєѩ. 42. і іжє аштє съблазнитъ єдіного отъ
малъіхъ сихъ вѣроуѭштихъ въ мѧ, добрѣє ємоу [є]стъ
пачє, аштє обложѧтъ камєнь жрьновьнъі о въі єго, і въврьгѫтъ і въ морє. 43. і аштє съблажнѣєтъ тѧ рѫка
твоѣ, отъсѣци ѭ· добрѣє ти єстъ маломошти въ животъ вънити нєжє ли обѣ рѫцѣ імѫштю іти въ гєонѫ въ
огнь нєгашѫшти· 44. ідєжє чрьвь іхъ нє оумираєтъ, і огнь
нє оугасаєтъ. 45. і аштє нога твоѣ съблажнѣєтъ тѧ,
отъсѣци ѭ· добрѣє ти єстъ вънити въ животъ хромоу,
нєжєли двѣ нозѣ імѫштю въврьжєноу къіти въ гєонѫ
въ огнь нєгашѫшти· 46. ідєжє чрьвь іхъ нє оумираєтъ,
і огнь нє оугасаєтъ· 47. і аштє око твоє съблажнѣєтъ
тѧ, истькни є· добрѣє ти єстъ съ єдинѣмь окомь вънити
въ цѣсарьствиє божиє нєжєли обѣ очи імѫштю іти въ гєонѫ
огньнѫѭ, 48. ідєжє чрьвь іхъ нє оумираєтъ, і огнь нє
оугасаєтъ. 49. вьсѣкъ бо огнємь посолитъ сѧ, і вьсѣка
жрьтва солиѭ осолитъ сѧ. 50. добро єстъ соль· аштє ли
жє соль нєслана бѫдєтъ, о чємь ѭ осолитє: імѣстє соль
въ сєбѣ, і миръ імѣитє мєждю собоѭ.

X.

1. і отъ тѫдоу, [въста]въ приідє въ прѣдѣлъі іюдєисъкъі, по ономь полоу ію'рдана· і приідѫ пакъі народи къ

нꙗмоу і, ꙗко намⸯ обꙑчаи, пакꙑ оучаꙗше ꙗ.   2. і пристѫпльше
фарисеи въпрашаахѫ і, аште достоитъ мѫжю женѫ поу-
штати, окоушаѭште н.   3. онъ же отъвѣштавъ рече имъ·
чꙿто вамъ заповѣдѣ мѡси;   4. они же рѣшѧ· повелѣ
мѡси въкнигꙑ распоустъкꙑꙗ написати і поустити.   5. і
отъвѣштавъ исоусъ рече имъ· по жестосрѣдию вашемоу
написа вамъ заповѣдь сиѭ.   6. а отъ начала съзъданию
мѫжа і женѫ сътворилъ ꙗ естъ богъ.   7. сего ради оставитъ чловѣкъ отъца своего і матерь, і приꙗкнитъ сѧ къ
женѣ своеи.   8. і бѫдете оба въ плъть единѫ. тꙑкмъ же
оуже нⸯкⷮесте два, нъ плъть едина.   9. еже оубо богъ съче-
талъ естъ, чловѣкъ да не разлѫчаетъ.   10. і въ домоу
пакꙑ оученици его о семь въпрашаахѫ і.   11. і глагола
имъ· еже ко аште поуститъ женѫ своѭ і ожениⷮ сѧ иноѭ,
прѣлюбꙑ творитъ на нꙗ·   12. і аште жена поустивꙿши
мѫжа си і посагнетъ за инъ, прѣлюбꙑ творитъ.   13. і
приношаахѫ къ нꙗмоу дѣти, да ꙗ коснетъ· оученици же
прѣштаахѫ приносѧштиѡмъ·   14. видѣвъ же исоусъ него-
дова, и глагола имъ· не дѣите дѣти приходити къ мнѣ,
і не браните имъ· тацѣхъ ко естъ цѣсарьствие божие·
15. амінъ глаголѭ вамъ· еже аште не прииметъ цѣсарь-
ствиꙗ божиꙗ ꙗко отрочѧ, не іматъ вънити въ нє.   16. і
оббⷨмⷨъ е благословештаꙗше, възлагаꙗ рѫцѣ на нє.   17. іс-
ходѧштю [е]моу на пѫть, притекъ единъ богатъ і поклони
сѧ емоу на колѣноу въпрашааше г оучителю благꙑ, чꙿто
сътворѭ, да животъ вѣчнꙑи наслѣдоуѭ;   18. исоусъ же
рече· чꙿто мѧ глаголеши благъ; никꙿтоже благъ, тъкъмо
единъ богъ.   19. заповѣди вѣси· не прѣлюбꙑ дѣи не
оубии не оукради не лъже съвѣдѣтельствоуи не обиди·
чꙿти отъца своего і матерь.   20. онъ же отъвѣштавъ
рече емоу· оучителю, вꙿсѣ си съхранихъ отъ юности моеꙗ.
21. исоусъ же възьрѣвъ възлюбн і, і рече емоу· аште хоштеши съвⷬъшенъ бꙑти, единого еси не доконьчалъ· іди,
елико імаши, продаждь, і даждь ништиимъ, і імѣти има-
ши съкровиште на небесехъ· і приди, ходи въ слѣдъ мене,
възъмаи крⷭъстъ.   22. онъ же дрѧселъ бꙑвъ о словесе
отиде скрьбѧ· бѣ ко имꙑи съ(т)ѧжаниꙗ многа.   23. і възьрѣвъ исоусъ глагола оученикомъ своимъ· како неоудобь имѫштеи богатьство въ цѣсарьство божие вънидѫтъ.

24. оученици же оужасаахѫ сѧ о словесехъ его. исоусъ же пакы отъвѣщавъ глагола имъ чада, ѣко неоудобь естъ оуꙇкваꙗѫщиꙇмъ на богатьство въ цѣсарьствие божие вънити. 25. оудобѣе естъ велькбѫдоу сквозѣ иꙁлиꙇѣ оуши проꙇти неже богатоу въ цѣсарьствие божие вънити. 26. они же излиха дивлѣахѫ сѧ, глаголѭште къ себѣ къто можетъ съпасенъ бꙑти: 27. ꙇ възьрѣвъ на нѧ исоусъ глагола отъ чловѣкъ не възможно, нъ не отъ бога всѣ бо възможьна отъ бога сѫтъ. 28. начѧтъ петръ глаголати емоу се, мꙑ оставихомъ вьсѣ, ꙇ въ слѣдъ тебе ꙇдохомъ. 29. отъвѣщавъ же исоусъ рече амин глаголѭ вамъ, никътоже естъ, ꙇже оставитъ домъ ли братриѭ ли сестрꙑ ли отьца ли матерь ли женѫ ли чѧда ли села мене ради ꙇ еванъгелиѣ. 30. аште не иматъ прꙗти съторицеѭ нꙑнѣ въ врѣмѧ се, домꙑ, братрꙑѭ, сестрꙑ ꙇ отьца ꙇ матерь ꙇ чѧда ꙇ села, но изгънании, ꙇ въ вѣкъ грѧдѫштꙑ животъ вѣчьнꙑ. 31. мнозꙑ бѫдѫтъ прьвии послѣдьнии ꙇ послѣдьнии прьвии. 32. вѣахѫ же на пѫти ꙇ въсходѧште въ иероусалимъ, ꙇ бѣ варѧ ꙇꙗ исоусъ, ꙇ оужасаахѫ сѧ, ꙇ послѣдь грѧдѫште боѣахѫ сѧ. ꙇ поимъ исоусъ пакꙑ оба на десѧте начѧтъ имъ глаголати, еже хотѣаше бꙑти емоу. 33. ѣко, се, въсходимъ въ иероусалимъ, ꙇ сꙑнъ чловѣчьскꙑ прѣданъ бѫдетъ архиереомъ ꙇ кънижьникомъ, ꙇ осѫдѧтъ ꙇ на съмрьтъ, ꙇ прѣдадѧтъ ꙇ ѩзꙑкомъ, 34. ꙇ поꙗгаѭтъ сѧ емоу, ꙇ оутепѫтъ ꙇ, ꙇ оплюѭтъ ꙇ, ꙇ оубьѭтъ ꙇ, ꙇ третии д[ь]нь въскрьснетъ. 35. ꙇ прѣдъ нимъ ꙇдосте ꙇѣковъ, ꙇоанъ, сꙑна зеведеова, глаголѭшта емоу оучителю, хоштевѣ, да, егоже аште просивѣ, сътвориши нама. 36. исоусъ же рече има чьто хоштета, сътворѭ вама: 37. она же рѣсте емоу даждь нама, да единъ о деснѫѭ тебе ꙇ единъ о лѣвѫѭ тебе сѧдевѣ въ славѣ твоеꙇ. 38. исоусъ же рече има не вѣста сѧ чесо просꙗшта. можета ли пити чашѫ, ѭже азъ пиѭ, ли крьштениемь, ꙇмьже азъ крьштаѭ сѧ, крьстити сѧ: 39. она же рѣсте емоу можевѣ. исоусъ же рече има чашѫ оубо, ѭже азъ пиѭ, исьпита, ꙇ крьштениемь, ꙇмьже азъ крьштѫ сѧ, крьстита сѧ. 40. а еже сѣсти о деснѫѭ ꙇ о лѣвѫѭ нѣстъ мнѣ дати, нъ имьже естъ оуготовано. 41. ꙇ слꙑшавъше десѧть начѧша негодовати о ꙇѣковѣ, ꙇоанѣ. 42. исоусъ же призъвавъ ѩ

глаголѫ вамъ въкꙋпѣ, ꙗко мьнѧштеі сѧ власти ѩзъкъі оу-
стоѩтъ іамъ і велиции ихъ обладаѭтъ іами.   43. не тождⷷ
естъ въ васъ нъ іже аште хоштетъ ваштии бъіти въ
васъ, да бѫдетъ вашь слоуга·   44. іже аште хоштетъ
бъіти въ васъ старѣи, да бѫдетъ вьсѣмъ рабъ·   45. іко
съінъ чловѣчьскъі не приде, да послоужатъ емоу, нъ по-
слоужитъ і дати доушѫ своѭ избавлѥнъ за многъі.   46. і
придѫ въ ерихѫ· і исходѧштю емоу въ ерихона і оученн-
комъ его і народоу многоу, съінъ тимеовъ вар тимен сѣкъи
сѣдѣаше при пѫти хлѫпаѩ.   47. і слъішавъ, ꙗко исоусъ
назарѣнинъ естъ, начѧтъ зъвати і глаголаⷮ съіне давъідовъ, исоусе, помилоуі мѧ.   48. і прѣкиталꙋ̈ емоу мнози,
да оумлъчитъ. онъ же ізанха въпиѣаше съіне давъідовъ,
помилоуі мѧ.   49. і ставъ исоусъ рече вамъ възгласите і.
і възъвалꙋ̈ слѣпьца, глаголѭште емоу дрьзаі въстани,
зоветъ тѧ.   50. онъ же, отъвргъ ризъі своѩ, въставъ
приде къ іоусови.   51. і отъвꙑщавъ і глагола емоу исоусъ чесомоу хоштеши, да сътворꙗ тебѣ· слѣпьць же глагола емоу равви, да прозьрѭ·   52. исоусъ же рече емоу
іди, вѣра твоꙗ съпасе тѧ. і аⷠ꙼е прозьрѣ, і по исоусъ іде
въ пѫтъ.

Свѧтаго отьца нашєго іоана чьтєниє въ вєликѫ
параскєвьг҃иѭ.

Вєлика оубо єстъ тварь нєбо отъ нєбытъ въ бытиє
богомь призъвано вєликы жє сѫтъ і анг҃єлъскъіꙗ силы,
нєвідимъіми добротами въкѫчаємъі подобітъ сѧ силѣ і
слъньцє, дьнєвьнъімъ сѧ свѣтомь облагаꙗ, нєбєсьскоє
тєчєниє гонꙗ дивъ творітъ оумоу зємлꙗ висѧщі повєлѣ-
ниємь на водахъ, а тѧжъка вєщіь сѫщі. чьто жє къто
рєчєтъ, морє простръто віда і ꙇꙿксомь съказаниє. нъ въсѣ
оубо добра сѫтъ і зѣло добра і творьчꙗ мѫдросуі хждожь-
ствіє. прѣсѣтъ жє сиꙗ добротѫ чловѣкъ почьтєниємь, до-
саждєниє почьтєнъімъ створь дивъ во твари пришєсъ, прѣ-
сѣꙗꙗщь лѫкꙗ твари, нєславѧ чьтолъчьꙗꙗ изакъ. тако
бъістъ тварь лєсті мати нєвѣдѧщі, ꙇ помилова ꙗ богъ,
ꙇ носітъ врѣстъ по срѣдѣ, разоумла кожігъ чловѣколъ єстъ
съсѫдъ, твари въсєꙗ сильки. бєз-дѣла оубо бъістъ нєбо
въ-исправлєнию нєчьсти, ꙇ слъньцє стѫдꙗщи сѧ поклањ-
ниѥ приємла, възбранѣти сѧ поклањꙗꙗщіꙗмъ сѧ нє можє.
морє облачаниє сѧ лихо съі въ страстємъ, ꙇ чловѣкъ силкъ
прѣхожданиє тварь, ємъжє сѧ оутѣкꙗꙗшє, вѣпꙗꙗшє сѧ
ємоу, бога нє могꙑ обрѣсті, єгожє въсєꙗ твари народъ
проповѣдма нє бъістъ довьлѣнъ приносіті оучєнꙗꙿкъ о єді-
номь козѣ. нъ єгожє нє створі нєбо, врѣстъ възможє ꙇ
єгожє слъньцє нє можашє оулоучіті, крєстъ въсѣкъъ про-

свѣти. і дрѣво, осадьжыгы съсадъ, плодъ створи осажде-
нъгмъ свобода. троудѓ са въ съпасеніе чловѣкомъ твари,
і крстъ пришедъ вами са ѣви. но неже съмрѣтъ древле,
дрѣвкъгъ жезаѓ пришаѓши, чловѣчьскъа рода коренѓ връдъ,
пѫтъ обрѣтъши на сънѣдъ прѣстѫпкнѫа, егда отвръзъгшю
са пѫти таво въ съмрѣтъ, родъ чловѣчьскъ въпаде, і
наслѣдкгшц въпѓа маѓцѣ. помиловавъ прѣкъгитеѓкнѫа творць
дрѣво отнѣдъ дрѣвкъноуомоу родоу даетъ, і страстъ въведе
ицѣленіе наслѣдованіе страсти, і на дръжаштаго съмрѣтъ
оуоражі съмрѣтъ повѣждъгшаѓаго троудѓ. і пакъг свободѓ
бъгстъ чловѣкъ, імъже і въ съказала съмрѣтъ, тѣмьже
бесъмрѣтие обрѣтъ, імьже бо въ осаждені, тѣмьже са і
отрѣкшаше. w вожѓъ въ істнѫ прѣмѫдростъ некесьскаѓъ
крестъ въдражаше са, а ідолкскаѓъ слоужкба разорена бъгваше. крѣстъ въстааше, і дьрквоѓъ сила разорена бъгваше;
крѣстъ въдражекъ въгвааше, і юдѓкіска грѫдъгни падааше,
да павкъгкнеш, ѣко не дрѣво просто толкоу чюдесъ въ
вина, нъ пришаѓъг дрѣво на повѣдѫ. не о секѣ во въгстъ
съпаскна мѫка, нъ съмотрѣгѓитнѫгъ съпаскнѫа мѫкоу.
не въгстъ во съмрѣти раздроушеніе съмрѣтъ, нъ прѣклкнѫгъ
естъ веѓтн прѣдѫкаѓъ положъ. крѣстъ и моука и гвоздие
і съмрѣтъ, сі животоу весъмрѣтъкноуомоу въгвааѓтъ пелекъг.
сіаи въкторъг чловѣкъ на животъ са роди. імъже прѣкъг
адаамъ свободѓ са. імьже начатокъ чловѣчьскъг възноситъ
са. дьнксь господъ христосъ водѓтъ, і отъ сѫда на сѫдъ
і съкѫдътъ, і влгѣфа отъкъгиѓлаетъ, і платъ прѓитаетъ
са, і не отъкѫктаетъ сѫда христосъ, да раздрѣшитъ въсего
мира клѧтвѫ. w дьвкѓнаѓъ чюдеса, приемлетъ осаждеміе самъ,
і авке варавкѫ ноуиѓгааѓтъ. істрѫква крестъ осаждекъгамъ
начатъ свобода дактн. не възври же на жидовкскъгѫ зѣлоквѫ,
ни, ѣко влгодѣтелѣ осаждлаѓите ізвлаѓкѣаѓтъ оувіца, нъ
ѣко начатъкъ осажденію осаждекъгамъ въгстъ свободъг
начатъкъ, ѣко осаждекъгхъ сѫдъ кес-правѣдъг пришаѓъ
праведкно і живъгамъ і мрѣтвъгамъ сѫдітель ѣвлаетъ са
ѣкоже естъ поставлъ день, въ нкже хоштетъ сѫдѓтн
когъ въсеи земи правѣдоѫ мѫжемъ, імьже нарече, вѣрѫ дакъ
въскамъ, въкрѣшъ і із мрѣтвъгхъ. июдѓг же оуко, нгъг
вннъг оставлкше, на крѣстъ са оустрѣкшаша, страпькнъг и
оукоризкнъг примъгкшаѓкше съсадъ, і закоппѓаѓъг клѧтвѫ

дрькъною съмрьтыж прьклагають, на съмрьть хотаще
къзвазати таготъ, не домъшнъкахж же са врьста поѣ-
дъкы оусоуждающе прьклажь. і ни сего же доволь имж-
ще нъ і разбоиникы нждать причитающе съмрьти его,
да бы съмрьтьное причащенке нечьсть бѣла коньчины
его. не домъшнъкахж же са, разбоиникъ съ христосомь
распинающе, творяще і проповѣдатель цѣсарьствию рас-
пятаго. помъкни бо мя, сжть, господи, въ цѣсарьстви твоемь. ѡ разбоиниче, ѣко разбоиникъ еси распятъ, і еваньгелистъ
са еси ѣвилъ. помъкни мя въ цѣсарьствии твоемь. чьто
есть оубо, ѡ разбоиниче, не чюеши ли, чьто страждеши; не
помниши ли гвоздии; закъклъ ли еси волѣзни; ѣко въ цркви
са мола, не на дрькѣ ли виса молиши; видѣхъ, сжть, цркви
божиа і молити въ ждь длъкъхъ, познахъ отъ псанѣ книж,
видѣхъ осжждаенке етеро цѣсарствие проповѣдажще, видѣхъ
оукоризнькъкымъ въкньцемь благодѣтъ свѣтящия са. ем бо
распинаемъ цѣсарюеть, како бждеть въкньчаемъ; знаеть
цѣсарьствие его твари сжкнаце распинаемъ видить, і свѣти
не съмчеть, въземла свѣтъ отъ распинажщихъ, но господи бора поитыж безакон'ныж котораеть дръзость
безаконьѣ июдкиска землѣ зъкважнти са матеть, и обѣ-
шаеть трясомь обкнкшаю на крестъ господь. како не
имя вѣкры, ѣко цѣсарь есть оукарѣельи; титьль въкньеть,
твари свѣдктельствоуеть. ѣже чьтж написана, знаж
вѣнитькмі. господи, помъкни мя въ цѣсарьстви твоемь. ѡ
разбоиниче, петроу помоитькниче, июдъкомь окличителю, съ-
ставкниче прѣкъдъ. ѡ разбоиниче, воинкче цѣсарьствию, хра-
нителю раю, адама извѣстькикы о твари, првꙑ створенаго
тврьждии отъ бо простерь ржкя на дрькво без-врькмене.
оукраденъ бꙑстъ тꙑ же на врьстѣ простерь ржцѣ въ
врькма, погꙑбъши обрѣте раи, і родителевъ жрькы погꙑ-
бькнъ вестъдоиа приобрѣте. ѣко првꙑке цѣсарьствие испо-
вѣдъкъ, ѡ разбоиниче, цѣсарьствию исповѣдькниче, оучителю
мжченикомъ. иже словомь малломь небеса отврькзъ і дикъною
икснꙑь дикъно съкровиште обрѣтъ і июдкаке крьстъное
небо створь. ѡ оучителю члокѣккомъ по законноуоумоу і по-
хвалкноуоумоу разбоиствоу і научь члокѣккꙑ цѣсарьствие
искрасти. ѡ разбоиниче, желꙑкаемꙑꙗ татькя врадомоуоумоу
исповѣдꙑа і великꙑ мꙑкзꙑкꙑ разбоискꙑиа съкислꙑкъ і великꙑ

плодъ показала исповѣданьѣ. поздѣ въворавъ, а скоро
исповѣдѣвъ, послѣжде пришедъ, і прѣьѣ сѧ въньчавъ і
•квал въкрънала •квѣ дѣтѣал. ѡ горькыѩ полиѭ обличителю.
•квал сѧ тажьы осила і съ подоѭ прѣлⱅⰽⰹⰽⱐ сѧ отъ дьѣ-
вола въ христосоу і съвѣдѣтела лꙋкⰻⰰ крьста. излⱄⰽⰹⰻ же 5
крьстъ гробъ, несъдрⱁⱁⱄⰻⰽⰰ вьсь, гробъ въскрⱁⰽⰽⰽⰰⱄⱄⰻⰻⰻⰻⰻ село,
гробъ гⰻⰱⰻⰻ господⰻⱄⰻⰻ раздроⱁⰻⱄⰻⰻⰻ

Zusätze. Erläuterungen. Berichtigungen.

I. Zur Einleitung.

III. 8. Wenn man die verschiedenen recensionen der éinen übersetzung der homilie von Epiphanius: τί τοῦτο; σήμε-ρον ἀργὴ πολλή, nämlich die beiden pannonischen und zwar gla-golitisch im glagolita clozianus 752—956 und cyrillisch im sup. 337. 8. mit der serbischen in hom.-mih. vergleicht, so findet man 1) den einfachen aorist des glagoliten in folgender weise ersetzt: für potъką sę 776. 779. privrъgą sę 778. razidą sę 779. ištezą 829. prêidą 840. und pridą 842. bietet sup. potъ-knąšę sę und potъkošę sę, privrъgošę sę, razidošę sę, ištezošę, prêidošę und pridošę und hom.-mih. potъknut[ъ] se neben potъ-knu se, privrъgnut[ъ] se, razidut[ъ] se und priidutъ neben ičе-zošе und prêidošе, woraus sich ergibt, dass der schreiber des sup. die einfachen aoriste seiner vorlage verstanden, sie jedoch durch die zu seiner zeit geläufigeren zusammengesetzten formen ersetzt, dass der serbische schreiber dagegen jene älteren aoristformen nicht verstanden und dafür in den meisten fällen praesentia (futura) gesetzt hat. 2) für den zusammengesetzten aorist auf s: vъznêsę 781. und procvisę 840. steht im sup. vъznesošę und procvъtošę, in hom.-mih. vъznese se und procvъ-tošе: das erste ist aus einem missverständnisse hervorgegangen. 3) für das imperf. dêašete 847. haben wir im sup. dajašete, in hom.-mih. dagegen dêjasta. 4) für die III. dual. bądete 845. dêašete 847 und grędete 955. bietet sup. bądete und dajašete neben grędeta, der serbe dagegen hat budeta, dêjasta und grędeta. 5) für trątъ 773. κουττωδία lesen wir in sup. dasselbe,

in hom.-mih. jedoch gegen den sinn trusъ σαπρός. 6) inodušъ-
no 854. lautet in sup. ebenso, in hom.-mih. dagegen jedino-
dušno. Die zusammenstellung ist lehrreich, indem sie das aus-
einandergehen der slavischen sprachen in grammatischer und
lexicalischer hinsicht in sehr früher zeit beweist. Wenn in
den oft gelesenen bibeltexten manche späte quelle das alte bewahrt,
so kann dieser umstand nicht als beweis dafür geltend gemacht
werden, jenes alte habe in der volkssprache fortgelebt: die
texte können eben nur begriffen werden als ergebniss des kampfes
zwischen dem fremden (pannonischen, altslovenischen) und dem
einheimischen, aus dem bald das eine, bald das andere als
sieger hervorgeht.   V. 24. E. Golubinskij, Kratkij očerkъ
istorii pravoslavnychъ cerkvej bolgarskoj, serbskoj i rumyn-
skoj. Moskva. 1871. seite 22. 32. 237.   VIII. 30. Die kürze,
deren ich mich in der einleitung befleisse, wird manches
dunkel erscheinen lassen. Asl. št steht nsl. č und šč und serb.
ć und št gegenüber: in este und postedisi scheint mir st die
combination šč auszudrücken, nicht die dem nsl. fremde verbindung št, daher ešče, poščediši. Jenes lautet auch heutzutage
noch in bestimmten gegenden jošče, dieses kömmt gar nicht
mehr vor.   XI. 1. So wie pannonischen l. so wie die pannonischen.   XI. 34. seite 105—1467 l. seite 105—146.
XV. 13. Der psalter von Sluck ist unter die pannonischen
denkmäler gereiht worden, indem ich die dieser einreihung
entgegen stehenden russisierenden formen für schreib- oder
druckfehler halte. Hieher gehört rabą für rabu 118. 38.
tvoja plur. acc. f. für tvoję 43. aže für aža 61. naučъu für
naučą 71. poglumju für poglumlją 78. sъkonъčaša für sъkonъ-
čaše 87. zemlju für zemlją 90 und bymъ für bimъ 92. Bei
dem geringen umfang einiger der angeführten denkmäler mag
das eine oder das andere nur desshalb zu den pannonischen gezählt worden sein, weil es zufällig keine dieser einreihung entgegenstehenden merkmale enthält.   XV. 26. Es
wird später gezeigt, dass die bulgarischen denkmäler die buchstaben ą und ę in bestimmten fällen verwechseln und nasale
laute gar nicht kennen.   XVI. 8. „und" bis „minimaler ist"
ist zu streichen.   XVI. 10. Wenn wir die plur. acc. raby und
kraję, die sing gen. und plur. acc. und nom. ryby und staję
und die plur. acc. ty und ję mit den part. praes. act. plety

und pije vergleichen, die, wie die sing. gen. pletąšta und
pijąšta dartun, den nom. pletą und piją voraussetzen, so ge-
langen wir zu den ursprünglichen formen rabą, krają u. s. w.
XXVI. 3. Herr E. Golubinskij wirft, seite 32. 254, die frage
auf, wann die Bulgaren die in Mähren von den slavenaposteln
übersetzten liturgischen bücher erhalten hätten, und beantwortet sie dahin, diess sei nach der wiedervereinigung der
Bulgaren mit der griechischen kirche, d. i. bald nach 870
geschehen; bis zu dieser zeit hätten die Bulgaren lateinisch
oder griechisch gebetet. Die frage, ob alle als pannonisch
bezeichneten denkmäler in Pannonien entstanden seien, ist wol
zu verneinen. Allein, wenn auch dem bulgarischen Symeon
an dem aufblühen des altslovenischen schriftentums ein wesent-
licher anteil zugesprochen wird, so muss doch dabei auf jene
männer hingewiesen werden, welche, aus der schule von Cyrillus
und Methodius hervorgegangen, in den letzten jahren des neunten
und in den ersten des zehnten jahrhunderts in Bulgarien als
verkünder des christentums und als schriftsteller wirkten: dass
Konstantin aus Pannonien kam, ist historisch bezeugt: dasselbe
gilt von Klemens, in dessen schriften sich teile der auf Pannonien, mittelbar auf Deutschland weisenden freisinger denkmäler finden u. s. w. Vergl. XXVIII. 21.   XXVI. 4. Unter den
serbischen denkmälern darf die handschrift nicht fehlen, welche,
von mir hom.-mih. bezeichnet, homilien griechischer kirchenväter
enthält. Sie umfasst 203 blätter und ist gegenwärtig eigentum
der Südslavischen Akademie. Dieses denkmal ist dadurch von
ganz besonderem interesse, dass es uns den abstand der serbisch-
slovenischen sprache von der alt- (pannonisch-) slovenischen
und die veränderungen zeigt, welche mit dem übergange von
dieser in jene verbunden waren, indem uns einige der in hom.-
mih. enthaltenen homilien auch im glagolita clozianus vor-
liegen und zwar in derselben übersetzung. Vergl. meine abhandlung in den denkschriften der kais. akademie X. seite 197.

II. Zur Formenlehre.

Seite 8 zeile 37 alter: älter.   12. 32. gornši: gorňši.
13. 31. slepč.: slěpč.   18. 8. slove statt slovo ist angeführt
worden wegen des bulg. und čech. nebe: von dem nicht ganz

identischen und ausserdem nicht unverdächtigen nebi bei Gun-
dulić ist abgesehen worden. 21. 15. Wie tolikъ mag auch
kolikъ u. s. w. decliniert worden sein. Ob vьsjakoj oder vьs-
jaky die richtige form ist, ist aus den asl. formen nicht
klar: vьsjakoje luc. 5. 17-zogr. ostrom. ev.-tur., wofür man
vьsjakojeje erwartet. Vergl. mein Lexicon s. v. 29. 27. prê-
ljubodêimь marc. 8. 38-zogr. assem. ostrom. ist überraschend
als eine zusammengesetzte form von einem subst.: ev.-trn. hat
prêljubodêinêmь. 30. 7. imь l. jemь. kajašteimь se: o edinomъ
grêšьnicê kajašteimь se ἐπὶ ἑνὶ ἁμαρτωλῷ μετανοοῦντι luc. 15. 10-
zogr. Befremdend ist der übergang des je in i. Ob negašaštei:
vъ ognь negašaštei εἰς τὸ πῦρ τὸ ἄσβεστον marc. 9. 43, 45-zogr.
auf dieselbe weise zu erklären oder als für negašaštьi stehend
aufzufassen sei, ist zweifelhaft: štьi findet man in vъ vêkъ
gredaštьi ἐν τῷ αἰῶνι τῷ ἐρχομένῳ marc. 10. 30-zogr. 32. 20. Die
III. und wol auch die II. sing. des aor. vedohъ lautet einige
mal vedetъ, vedetь; eben so grebetъ, grebetь u. s. w. des-
gleichen findet man in der III. phur. vedaтъ, vedatь; eben so
grebaтъ, grebatь. 32. 23. Die frage, wie die II. und III.
sing. des aor. vêsъ. nêsъ und grêsъ gelautet habe, kann nur
nach der analogie von dahъ, dasъ und von jahъ, jasъ
beantwortet werden: ich setze als analog gebildete formen
vêsъ. nêsъ und grêsъ an. Unterstützt wird diese ansicht
durch sъvê κατεχάλασεν ies.-nav. 2. 15-pent.-mih., das eben so
auf sъvêstъ (ved) beruht wie je auf jestъ. Man füge hinzu
bystъ factus est und ubistъ ἀνεῖλεν seite 38. Die II. und III.
sing. von rêhъ wage ich nicht zu bilden. pesъ hat nur petъ:
an ein pestъ ist nicht zu denken. 33. 4. postydeтъ se grъdii
ist ungenaue übersetzung des griech. κατογυνθήτωσαν οἱ ὑπερήφανοι
psalt. 118. 78-sluck. Es ist jedoch nicht unmöglich, dass der erste
übersetzer postyde se schrieb, das dann ein seitenstück zum
impt. bada wäre. 36. 12. Dass auch žive vorkömmt, ist selbst-
verständlich. 40. 12. Man merke ašti für ašte bi und aštiše
für ašte biše: ašti sь ne bylъ zъlodêi. to ne byhomy ti ego
prêdali nisi hic esset homo malus, non tradidissemus eum tibi
sup. 324. 21. vergl. 332. 15; 332. 23; 333. 24; 334. 8. aštiše jedni voini pečatьlêli si uni milites signarent 331. 16.

40. 19. zu bêa kann imêa pat.-mih. 58. 6. hinzugefügt werden:
imêa oselь, i umrêtь imь na pati. 52. 6. Das imperf. likujaalъ

wurde bald durch likovaahъ verdrängt, das vom infinitivstamme likova abgeleitet wird.

III. Zu den texten.

Die texte sind aus dem evangelium zographense und aus dem glagolita clozianus, den nach meiner ansicht ältesten glagolitischen denkmälern, entlehnt. Aus dem ersteren sind proben mitgeteilt in I. Berčić, Chrestomathia seite 69—73. und in I. I. Sreznevskij, Drevnie glagoličeskie pamjatniki seite 115—156. Die hier abgedruckten capitel 1—10 aus dem evangelium Marci verdanke ich der güte des herrn professor Jagić. 3. 30—4. 11. fehlt im original. Aus dem glagolita clozianus ist abgedruckt die homilie des hl. Athanasius: μέγα μὲν οὐρανὸς δημιούργημα Opera. Coloniae. 1686. II. seite 506, welche in der slavischen handschrift dem hl. Ioannes Chrysostomus zugeschrieben wird. Sie steht bei Kopitar seite 14—19.

Hinsichtlich der transscription ist hier zu bemerken, dass ich, im anschlusse an das verfahren anderer, das im glagolitischen die zahl 10 bezeichnende i durch ı, das andere durch ıı wiedergebe. Das umgekehrte wäre, weil mit der folge der buchstaben und dem zahlenwert derselben übereinstimmend, richtiger gewesen. Die frage ist nur palaeographisch, der laut derselbe. Den aus dem griech. g hervorgegangenen laut, bei Kopitar 12, habe ich, in übereinstimmung mit sup., durch g′ bezeichnet: evanъg′elie: es ist dies analog dem k′ und h′. Vergl. sup. seite IX.

In den noten zum glagolita clozianus wird das verhältniss der übersetzung zum griechischen original untersucht, was bei dem studium altslovenischer denkmäler nicht unterlassen werden sollte, weil erst bei einer solchen untersuchung des textes manche eigentümlichkeit der sprache erkannt wird. Vieles hat der übersetzer ausgelassen und aus einer stelle wird es klar, dass uns nicht die urschrift des übersetzers, sondern eine abschrift vorliegt. Dass die übersetzung an manchen stellen den sinn verfehlt, an andern gar keinen sinn gibt, darüber wird man sich nicht wundern, wenn man die stellenweise dunkle, stets gekünstelte ausdrucksweise des originals in rechnung bringt und sich der nicht weniger misslungenen

übersetzungen ähnlicher texte in andere sprachen erinnert.
Manchmal rührt die falsche übersetzung daher, dass dem übersetzer jene bedeutung eines wortes vorschwebte, die demselben
in der späteren graecität zukömmt.

Codex zographensis.

I. Abkürzungen, bei deren auflösung irgend ein zweifel
entstehen kann, sind:

Evag'lie: evanьg'elie. evag'liê: evanьg'eliê. is hva: isu
hristova. ha: hrista. ag'lь: anьg'elь. gnь: gospodьnь. imlêne:
ierusalimlêne, wofür auch ierusalimlêne stehen kann. is: isusъ.
crsiê: cêsarьstviê. crstvie: cêsarьstvie. bys: bystъ, so ohne
abkürzung. ismь: isusomь. spsti: sъpasti, so ohne abkürzung.
elma: erusalima. ielma: ierusalima. erso: cêsarьstvo. crьstvo:
cêsarьstvo. crsie: cêsarьstvie. spena: sъpasena. crь: cêsarь.
crju: cêsarju. čska: človêčьska. oca: otьca. ocju: otьcju.
ččska: človêčьska. crsьê: cêsarьstvьê. ilmъ: ierusalimъ. davъ:
davydovъ. nbshъ: nebeschъ oder nebesьhъ. nebskymъ: ne-
besьskymъ. psi: pьsi. krstъ: krьstъ. glją, gleši, gletъ, gljątъ,
glę, gljąšte, glemoe werden ohne abkürzung glagolją, glagoleši
u. s. w. oder glagolją, glagoleši u. s. w. geschrieben.

II. Im codex zographensis dienen die zeichen 1. um anzudeuten, dass ein halbvocal aus- oder abgefallen: don'deže.
kr'stitelê. m'nê. ov'ce. rav'vi. 2. um eine in vergl. grammatik
I. seite 204—208. dargelegte aussprache der gutturalen consonanten in fremden wörtern meist vor e, i zu bezeichnen:
k'esara. k'insъ. k'itovê. paraskevьg'ii. g'eona. (i)g'emonovo.
arh'ierei neben g'elьg'ota, g'olьg'ota und g'azofilakiją. 3. um die
erweichung der consonanten l, n und r zu bezeichnen: 1. l: do-
vьletъ. drevle. kolêblemy. poemletъ. učitelemь. bolii. zemli.
iêkovlь. sъvêdêtelьstvuetъ. učitelь. vъnemlête d. i. vъnemljate.
kr'stitelê. molêahą. ostavlêetъ. ostavlêjątъ. roditelê. sramlêją
sę. ljudьmi. priemlei. volją. glagoljąšte. meljąšti. poemljątъ.
sъlją. upodoblją. II. n: ńe. ńego. ńemu. ńemь. ńeje. ńeją. ńeliže.
isplъńeniê. ńima. ńihъ. ńimъ. mъńi. kъńigъ. ńivy. klańêjetъ sę.
nyńê. žьńei. samarênyńe. domašńjeję. ńjaže. pustyńją. III. r:
sąpьŕê. tvoŕją. In einigen ganz vereinzelten fällen ist mir die
bestimmung des zeichens dunkel: v'lъkъ. z'emli. kaf'ernaumъ.

tóma. píry. tímeovъ. vitâniją u. s. w. Wenn man die hier
angeführten fälle mit den im sup. seite IX. verzeichneten vergleicht, so kann man nicht verkennen, dass beide denkmäler
in der erweichung der consonanten denselben grundsätzen
folgen, grundsätze, die mit den im neuslovenischen, serbischen
und kroatischen geltenden auffallend übereinstimmen. Man
beachte, dass es kein dańь, dańi; kam eńь, kameńi, sondern
nur danь, dani; kamenь, kameni gibt, wie in den genannten
sprachen; dass ferner weder ein črêsĺêhъ, noch ein ńêsmь,
noch ein ińêmъ, sondern nur črêslêhъ, nêsmь, ińêmъ vorkömmt, dass es demnach zwei ê gibt, von denen das eine
wie ja, das andere wie nsl. ê lautet: vaĺćaše, zemĺê, učitelê.
morê, pъrê, rybarê. izgańêahą, poklańêahą nsl. valjati, zemlja,
učitelja. morja, prja (prio sing. acc. fris.), ribarja. izganjati,
poklanjati neben nêmъ nsl. nêm u. s. w. Zu den zeichen, die
ich für überflüssig halte, gehört der spiritus asper, seltener
lenis, der häufig über dem anlautenden, seltener über dem in-
lautenden vocale steht, welchem ein vocal vorhergeht: äbie.
ávê. ìma. ìjudêi. ôblasti. ôkameńenii und bêaše. možaâse. po-
kaâniju. propovêdaâše.

57. 1. 6. êdь ἐσθίων ist entstanden aus êdъ für jüngeres
êdy: an êdь f. βρῶσις ist nicht zu denken, so nahe es liegt.
êdy ostrom. nicol. In: vъzęšę izbyvъšęję imъ ukruhъ koša
dъva na desęte luc. 9. 17. scheint ukruhъ für ukruhy zu stehen.
58. 1. 16. vъmetąšta: metajušta nicol., andere haben vъmê-
tajušta.   1. 19. Vor ioana ist i ausgefallen.   1. 34. imąšte,
richtig imąšte ἔχοντας.   1. 38. bližъńeje: die quelle hat die nach
meiner ansicht ursprünglichere form bližъneją, die aus einer
noch älteren bližnjają hervorgegangen. So erkläre ich auch
ijudeją ἰουδαίους io. 11. 33. Man beachte auch den sing. gen.
fem. eą (jeję) matth. 18. 19. im jüngeren teile des zogr. Vergl.
seite 83.   1. 38. propovêmъ, richtig propovêmь κηρύξω: der
unterschied wird sonst consequent festgehalten.   1. 40. padaję:
der codex scheint padają zu bieten: na kolênu padają γονυπετῶν.
Vergl. seite 83.   2. 20. otъimetъ, vielleicht otъimetъ zu
lesen. Es ist dies wol der einzige fall, wo das über dem i
stehende zeichen einen übrigens noch problematischen zweck
hat. Das wort steht so bezeichnet auch marc. 4. 15; 4. 25;

an einer andern stelle dagegen отьметъ. 2. 21. dirê, richtig dira.
2. 22. vьtьhy, richtig vetьhy. Nach prosaditъ vino novo fehlt
im cod. mêhy. 2. 23. skvêzê, richtig skvozê. marc. 9, 30; 10.
25. 2. 26. pri êvi aviaľarê: êvi ist nur eine andere form des
anfangs des folgenden wortes: ἐπὶ ἀριθμ͞ς. 3. 8. otъ turê ist
aus o turê entstanden, was allerdings keine handschrift bietet:
οἱ περὶ Τύρον καὶ Σιδῶνα. 3. 12. Richtig da ne ἵνα μή. So in
allen andern quellen. 3. 28. ἀμήν wird im zogr. verschieden
geschrieben: amin, amin', aminъ, aminь. 4. 15. sęctъ statt
sêctъ spricht für die ähnlichkeit des lautes des ę und des ê.
Man vergl. auch otemljaštaago luc. 6. 30. mit otemljaštjumu.
uslyšitъ, richtig uslyšętъ, wie in andern quellen. 4. 19. pohotii,
richtig pohoti. 4. 21. egda, richtig eda μήτι. 4. 28. sę nach
plodętъ ist unrichtig. Andere quellen bieten isplьnjajetъ vor
pšenicą für πλήρη. 4. 36. sъ ńimi, richtig sъ ńimь. 5. 2. že
soll entfallen. 5. 3. ego nach ažemъ ist überflüssig. 5. 15. pridąšę
zeigt, dass der schreiber das anfängliche pridą in pridošę än-
dern wollte. 5. 21. prêêvъšumu d. i. prêêvъšu emu: vergl.
9. 28; 9. 42; 10. 17. 5. 22. ar'hisynagoga, richtig ar'hisyna-
gogъ. 5. 31. vidę, sonst vidiši. mnê: zwischen n und ê steht
ein dem erweichungszeichen ähnlicher strich. An erweichung
des n vor ê ist jedoch bei diesem worte, das sonst ausnahmslos
mnê, mъnê geschrieben wird, nicht zu denken. Das zeichen ist
vielleicht an unrechter stelle angebracht: mъnê. Verirrungen
dieser art sind sehr selten. Vergl. grammatik I. seite 172.
5. 37. Man erwartet ꙇ ꙟꙋꙟꙟꙟꙟ ꙇ ꙟꙟꙟꙟꙟ. ꙇ vor ꙇ fällt häufig aus.
6. 1. Man erwartet i izide. 6. 3. Sonst: i ne sestry li jego
u. s. w. 6. 4. i ist störend. svoemu für svoemь offenbar
falsch. 6. 7. Statt prizъvavъ erwartet man prizъva προσκαλεῖται.
nъ in: dъva nъ dъva δύο δύο findet man ausser dem zogr. nur
noch im ostrom. 6. 20. Vor mąža fehlt i. 6. 24. prošu für
prošą, eine sehr seltene verwechselung. 6. 30. ky isusu (ꙮꙮꙮ
ꙟꙟꙟꙟꙟ) aus kъ isusu. 6. 33. Für je sollte i αὐτόν stehen.
καὶ συνῆλθον πρὸς αὐτόν ist ausgefallen. 6. 34. ovьcê für ovьcę:
vergl. die anmerkung zu 4. 15. 6. 41. ribê neben rybê.
6. 47. večerь byvъšju ὀψίας γενομένης setzt ein subjectloses
večerь bylo jestъ voraus. 6. 48. i vor pride stört. 6. 50. vi-
dêvъše für vidêšę. 6. 51. vъnide: so alle quellen: ἀνέβη.
6. 53. priêhavъše διαπεράσαντες: prêavъše nie., sonst auch prê-

šьdъšе.   7. 2. Für vidêšę eterii erwartet man vidêvъšе etery ἰδόντες τινάς.   7. 4. otъ kapêli: verwechselung mit otъ kuplję ἀπὸ ἀγορᾶς nic., sonst auch trъžišta.   7. 7. zapovêdii, richtig zapovêdi ἐντάλματα.   7. 9. glagolašę, richtig glagolaše ἔλεγεν. 7. 11. i vor ežе ist störend.   7. 15. ne vor možetъ ist falsch. 7. 24. otъ tudu für otъ tądu.   7. 31. dekapelьsky: vergl. debrêе 9. 42. für dobrêе.   7. 34. vъzdъhnąvъ, richtig vъzdъhną. 8. 3. Für druzii τινές ist richtiger eteri nic.   8. 6. priimъ sedmь tą hlêbъ: hier hat das pronomen tъ die bedeutung des artikels: λαβὼν τοὺς ἑπτὰ ἄρτους. Es ist wol ein sonst nirgends gewagter notbehelf, da die numeralia; cardinalia der zusammengesetzten declination nicht fähig sind. Vergl. 8. 19, wo der artikel unübersetzt bleibt, und 8. 20, wo ebenso kühn sedmiję gesagt wird: egda sedmiję (wol hlêby prêlomihъ) vъ četyri tysąštę.

8. 7. blagoslovivъ ist eine der wenigen participialbildungen dieser art im zogr. für blagoslovlь.   8. 17. καὶ γνοὺς ὁ ἰησοῦς λέγει αὐτοῖς fehlt im zogr.   8. 23. i vor izvede ist falsch. Für pliną erwartet man plinąvъ. So liest man in nic.   8. 27. vъ vьsь, richtig vъ vьsi; glagolete für glagoljątъ λέγουσιν.   9. 1. Für prišьdъšее ist prišьdъše richtig.   9. 3. na zemlê für na zemli. 9. 5. ediną, als ob sêni vorhergienge, das im nic. steht.

9. 18. iže ašte ὅπου ἄν: richtig ideže ašte: nic. hat iže idêže ašte: serb.-kop. i idêžе koliždo.   9. 22. že vor o nasъ ist falsch. 9. 28. vъšьdъšumu d. i. vъšьdъšu emu: vergl. 5. 21; 9. 42; 10. 17.   9. 41. Nach imę fehlt moe.   9. 42. debrêе: vergl. 7. 31. emu stъ d. i. emu estъ. blaženъstъ d. i. blažеnъ estъ. vergl. 5. 21; 9. 28; 10. 17.   9. 50. imêste für imêete.   10. 12. pustivъši für pustitъ ἀπολύσῃ.   10. 17. ishodęštjumu d. i. ishodęštju emu vergl. 9. 42. pokloni sę für poklonь sę.   10. 45. izbavlenъ λύτρον für izbavlenie nic.   10. 46. vъ erihona für izъ erihona.

Glagolita clozianus.

I. Abkürzungen: ang'lъskyję: anъg'elъskyję. nebskoe: nebesъskoe. bys: bystъ. spsnьe: sъpasenье. čska: člověčьska. čskъ: člověčьskъ. nebsky: nebesъsky. spsnač: sъpasenač. spsnają: sъpasьnaja. čsky: člověčьsky. hъ: hristosъ. hmъ: hristosomъ. cêsrstviju: cêsarьstviju. In dem folgenden ohne abkürzung geschriebenen cêsarstvi fehlt ь nach r. evang'listъ:

evantg'elistъ. cêsarstvi: cêsarьstvi. Auch in dem nun folgenden
cêsarstvie steht nach r kein ь. csrstvie: cêsarьstvie. crъ: cêsarь.
cêsrstvi: cêsarьstvi. csrstviju: cêsarьstviju. mĕkmъ: mąčenikomъ.
hu: hristosu. ha: hristosa. vêk: vêky.

II. Der glagolita clozianus wendet nur éin zeichen an,
das in cloz. II. die figur eines asper hat. Es ist wahrscheinlich,
dass das zeichen in I. dieselbe gestalt hat. Es steht über dem
consonanten um anzudeuten, dass hinter demselben ein halbvocal stehen soll: nepovin'ną I. 212. 215. zakon'nyję 283. zakon'no 293. vъin'naé 319. or'gany 355. bezakon'nъ 373. t'kmo
416. crъk'vahъ 427. kr'stъ 620. bezakon'nają 682. povin'nymi
804. plên'niky 806. sъplemen'nikъ II. 2. a. 37. Hicher gehört
wol auch pas'hą 247. 323, das jedoch sonst ohne halbvocal geschrieben wird. In einigen fällen zeigt der asper die erweichung
des consonanten an: tun'e I. 233. o n'ei 234. nyn'ê 412. dьnesь-
n'êgo 427. Dunkel ist mir die bedeutung des zeichens in folgenden fällen: ei' I. 30. pon' 62, wo man po erwartet. og'nь
107. trêp'êzê 396. trap'êzą 426. e'i 502. n'i 815. sêmьonъ 910.
Der glag. cloz. ist in der anwendung des erweichungszeichens
sehr sparsam und wendet es ohne not nicht an, was bei
meljąšti u. s. w. im zogr. offenbar der fall ist.

78. 2. prizъvano: cod. prizъvana. hom.-mih. prizvana. 3. po-
dobitъ sę simъ i slъnьce ἀμιλλᾶται τοῖς εἰρημένοις καὶ ἥλιος: cod.
i simъ. hom.-mih. simь i. 6. a težъka vêstъ sąšti. hom.-mih.
ebenso quamvis gravis res sit. Griech. anders. 9. sъją do-
brotą, eben so hom.-mih. τούτων τὸ κάλλος. 9. počъteniemь τῇ
τῆς τιμῆς ὑπερβολῇ. 9. dosaždenьe počъtenymъ stvorь τοῖς τι-
μωμένοις τὴν ὕβριν γεννήσας. cod. počъtenьemь. Genauer wäre
čъtomymъ. hom.-mih. počtenyimь. 12. nevêdąšti ἄκουσα. 12. i
pomilova ἀλλ' ᾤκτειρε. 13. razuma božiê člověkomъ estъ sъsądъ
θεογνωσίας ἀνθρώποις ἔργανον: cod. člověkъ. estъ ist störend. hom.-
mih. člověkь jestъ sъsudь. 15. kъi-ispravlenьju, ky ispravle-
nьju, denn so wie ь vor i in i, so geht ъ in y über: prêdami i.
17. liho περιττός in der bedeutung impar. eben so hom.-mih.
18. emъže sę utъknêaše: eben so hom.-mih. τὸ προσπαῖπτον, eigentlich in quod incidebat. 20. propovêdaję κηρύττων: cod. propo-
vêdaetъ. hom.-mih. propovêdaje. 22. ne možaše ulučiti οὐκ
ἐδίδαξε, eigentlich wol: erleuchten: hier hat hom.-mih. ozariti.
79. 1. osądъny sъsądъ κατάδικης ἔργανον. hom.-mih. minder gut:

osuždenyj sьsudь.　79. 1. plodъ stvori svobodą ἐλευθερίαν ἐκαρπο-
φόρησεν. hom.-mih. ploda stvori.　5. pątь obrêtъši na sъnêdь
prêstąpьnąją ad manducationem transgressoriam ἔδον εὑρών εἰς
παρείσδυσιν τὴν ἐν βρώσει παράβασιν. Aus pątь obrêtъši macht hom.-
mih. poustivši i.　5. egda, man erwartet tъgda τότε. hom.-
mih. jegda že otvrьze se puть, tьgda u. s. w.　6. rodъ člo-
vêčьskъ vъpade τὰ γένη συνήπτετο, wobei der übersetzer an πίπτω
dachte. hom.-mih. človêčь rodь vъpade.　7. prêlьštenyję τοὺς
πλασθέντας: dem übersetzer schwebte πλάζω statt πλάσσω vor.
hom.-mih. prêlьštenyje.　8. drêvo otъêdъ drêvъnumu rodu
daetъ statt etwa otъêdъ drêvъnyj rodu daetъ ξύλον ἀντιφάρμακον
ξύλου τῇ φύσει χαρίζεται. hom.-mih. drêvo otъjadenoje drêvnjumu
rodu dajetь.　8. strastь vъvede iscêlenьe naslêdovanьe strasti
πάθος οἰκονομίας εἰσήνεγκεν ἀλεξιφάρμακον. hom.-mih. strastь vъvede
na icêlenije poslêdujuštiimь strasti jego.　9. na drьžeštago
sъmrьtь uorąži sъmrьtь pobêždъšaago trudi θανάτῳ κρατοῦντι
(victrici morti) θάνατον ἀνθοπλίσας κατηγωνίσατο etwa: na sъmrьtь
sъmrьtь uorążъ pobêdi. Der übersetzer kannte κρατεῖν nur in
der bedeutung: halten und wollte bei κατηγωνίσεσθαι truditi nicht
missen. hom.-mih. na drьžeštaago smrtь uoruži svoju smrtь
i pobêdii jego bestuda: die letzten drei worte sind verunstaltungen der letzten zwei worte des glag.　12. obrêtъ εὑράμενος:
cod. obrête, so auch hom.-mih.　13. nebesьskać: cod. nebesь-
sky, als ob das adj. zu krestъ gehörte. Eben so hom.-mih.

18. priimy ὁ χρησάμενος, wie oben. hom.-mih. anders.　19. sъpasьna mąka πάθος σωτήριον: cod. sъpasenać. hom.-mih. spasna.

19. sъmotrêjąštiimъ sъpasьnąją mąką ὁ διὰ πάθος οἰκονομεῖν τὴν
σωτηρίαν βουλόμενος etwa: sъmotrêjąštiimь sъpasenьe mąkoją (mąka
sъpasьna bystъ).　20. prêmênilъ estъ: cod. prêmênilъ esi.
Das object zu diesem verbum fehlt auch im hom.-mih.: ἤμειψε
τῶν πραγμάτων τὴν φύσιν.　21. položъ: richtiger položij ὁ πηξά-
μενος. hom.-mih. hat das jüngere položivъ.　23. simi τούτοις:
cod. simъ. hom.-mih. simi.　23. imiže prъvy adamъ svobodi
sę. Hier fehlt mehreres: οἷς ὁ πρῶτος ἀδὰμ [κατεκρίθη, τούτοις ὁ
δεύτερος ἀδὰμ] ἠλευθερώθη. Hom.-mih. lässt anderes aus: imiže bo
prъvyj adamъ otъpade, to têmь načetkь človêčьskyj vъznosit[ь]
sę.　24. imiže načętokъ človêčьsky vъznositъ sę: ὑφ' ὧν ἡ ἀρχὴ
τῶν ἀνθρώπων [κατέπεσεν, ὑπὸ τούτων ἡ ἀπαρχὴ τῶν ἀνθρώπων] ἀνυψοῦται.
Wie oben von ἀδὰμ zu ἀδὰμ, so glitt hier das auge des schreibers

von ἀνθρώπου zu ἀνθρώπων. 26. pilatъ pričitaetъ sę ψῆφον διαδέχεται iudicii calculum accipit. Eben so hom.-mih. 29. varavъvą: cod. varvara. hom.-mih. varavu. 32. êko načetъkъ osąždenьju osąždenymъ bystъ svobody načetъkъ: cod. êko načetъkъ osąždenьju načetъkъ osąždenymъ bystъ svoboda načetъkъ. hom.-mih. jako načetkь osuždeniju tako načetkь osuždenyimь bystь svoboda. 36. mąžemь, imьže nareče, vêrą davъ vъsêmъ, vъskrêsъ i iz mrъtvyhъ ἐν ἀνδρί. ᾧ ὥρισεν ὁ θεὸς, πίστιν παρασχὼν πᾶσιν, ἀναστήσας αὐτὸν ἐκ νεκρῶν: cod. mąžemъ, imьže nareče, vêrą dati vъsêmъ, vъskrêsъ iz mrъtvyhъ. hom.-mih. nareče, vêru dati. Aus -sъ i iz ist -šyz geworden. act. 17. 31. o muži, o njemъže nareče šiš. 236. 37. iny viny τοὺς ἄλλους τοῦ θανάτου τρόπους. hom.-mih. inyje vinyi. 38. strašъny i ukoriznьny τιμωρίας ὁμοῦ καὶ ἀτιμίας. cod. strašьny i ukorizny. hom.-mih. strašnyj i ukoriznьnyj. Bei τιμωρίας scheint der übersetzer an timor gedacht zu haben. 39. klętvą drêvъnoją sъmrьtьją prêlagajątъ d. i. legis maledictionem in mortem in ligno mutant. So mag der übersetzer geschrieben haben, allerdings abweichend vom griech. κατάραν τῷ διὰ ξύλου θανάτῳ προσάπτουσιν. Genau hom.-mih. kletvu drêvnêj smrti prilagajutь. 80. 2. vъzvęzati tegotą ἐπιφορτίζειν. So auch hom.-mih. 2. krsta pobêdъny prikladъ τὸν σταυρὸν νίκης ἐντίμου κατασκευάζοντες σύμβολον: cod. pobêdъnyje. hom.-mih. krьsta pobêdnyje čьsti usuždajušte prikladь. 3. i ni sego u. s. w. καὶ οὔτε u. s. w.: cod. i ne sego. hom.-mih. i ne do sego. 7. tvorěšte: cod. i tvorěšte i. hom.-mih. i tvorěšte i. 14. viną αἰτίαν. 16. vidêhъ ukoriznьnymь vênьcemь blagodêtь svьtěštją sę, eben so hom.-mih. εἶδον ἐν τῇ κατηγορίᾳ διαδήματος χάριν ἀστράπτουσαν etwa: vidêhъ vъ ukoriznê vênьca blagodêtь u. s. w. 16. e li bo εἰ γάρ d. i. eigentlich estъ li: der die bedingung ausdrückende satz erhält die form eines fragesatzes. Vergl. grammatik IV. seite 77. 17. znaetъ falsch für γνωρίζει. 18. slъnьce raspinaemъ viditъ ἥλιος σταυρούμενον ὁρᾷ. deutlicher hom.-mih. slnce raspinajema jego vidêvь u. s. w. 20. koteraetъ κατεδικάζει. Der schreiber von hom.-mih. versteht koteraetъ nicht und sagt: noštiju bezakonьniki pokrivašе kotora jestъ drъzostь, was keinen sinn gibt. 21. zybląšti sę mętetъ d. i. mętetъ sę. hom.-mih. kolêbljuštii metetь sе. 22. kako ne imą vêry; πῶς μὴ πεισθῶ; cod. imątъ. hom.-mih. imu. 28. izvêstьnêi o tvari περὶ τὴν κτίσιν βεβαιότερα hom.-mih. u tvari.

29. tvrъždij ἀσφαλέστερε: cod. otvrъzy. hom.-mih. tvrъždêi, was grammatisch falsch ist. 32. besêdoją διὰ μιᾶς εὐτυχίας. 34. otvrъzъ ἀνοίξας: cod. otvrъze. eben so hom.-mih. 35. podêlъe krъstъnoc πάρεργον σταυροῦ. 39. veliky mъzdy razbojskyję sъpsavъ μεγάλους ληστείας μισθοὺς συγγεχψάμενε. hom.-mih. razboiničъskije. 81. 3. êvê entspricht hier dem griech. ἐξυπάτην. hom.-mih. javê. 4. tęžъi osila. hom.-mih. težii osьla. 4. i sъ ijudoją u. s. w. ὁ τὴν Ἰούδα προδοσίαν κατὰ τοῦ διαβόλου μιμησάμενε ludae quidem proditionem, sed contra diabolum imitatus. 5. sъvêdêtelь u. s. w. ist unverständlich, weil das im griech. vorhergehende ausgeblieben: τὸν χριστὸν ἀγοράσας καὶ μάρτυρα τῆς κτήσεως τὸν σταυρὸν ἐπαγόμενε. Die lücke besteht auch im hom.-mih., der überdiess für sъvêdêtelь — svêtnikъ hat. 6. grobъ ist nom.: διεδέξατο τὸν σταυρὸν ὁ τάφος. Daher unrichtig hom.-mih.: izmêni že krsta grobъ. 6. vъsь χωρίον, selo ἐργαστήριον. 7. grobъ, vъ nemъže sъmrъtь mьnitъ sę byti ungenau für ἐν ᾧ θάνατος τοῦ εἶναι θάνατος παύεται. hom.-mih. abweichend: vъ njemže smrtь umrъštvlъši se padetь. 9. tъštъ κανέϛ, als ob κενέϛ stünde.

9. da mrъtvyhъ množъstvo u. s. w. für ἵνα γὰρ μὴ τῶν νεκρῶν τὸ πλῆθος ἀμφίβολον δείξῃ τὸν ἀναστάντα ne mortuorum multitudo ambiguum redderet resurgentem. Der asl. text lautet lat.: ne mortuorum multitudo haberet excusationem (otvêtъ für izvêtъ) de eo, qui resurrexit. hom.-mih.: ne načnetь imêti. 11. tъštъ hier richtig γομνέϛ. 12. židovьskъ językъ zatvarêjąśtъ u. s. w. ἀποπλήξων, als ob für językъ etwa usta stünde. Man erwartet etwa: językъ zatvarêję i ijudêa obličaję: doch hat auch hom.-mih. zatvarjajuštь und obličajuštь, formen, die sonst nicht im nom. vorkommen. 15. viždъ vъstavъšaago θέαται αὐτὸν ἐγεγερμένον, was etwa lauten müsste: viždъ i vъstavъšъ oder vъstavъša jego, woraus sich wol vъstavъšaago erklärt. 16. nъ esi prêdalъ: nъ ist die ältere form für ny nobis. Im griech. steht der sing. Der plur. im slav. wird durch das folgende geschützt. hom.-mih. ny. 16. ne dovъlê si man erwartet: ne dovъlêšę si. hom.-mih. ne dovlê se. 17. nmny bezumъniče unrichtig für ἄθλιε καὶ πανάθλιε. hom.-mih. o okaньnyi bezumniče.

19. pečati ist der plur. gen.: σήμαντρα. hom.-mih. pečatii. 20. bolьše mi tvoriši ispravlenьe μεῖζόν μοι ποιεῖϛ: cod. bolьšъ. Doch hat auch hom.-mih. bolšimi. 21. 22. sъvêdêtelę, propovêdatelę μάρτυραϛ, κήρυκαϛ: cod. sъvêdêtelê, propovêdatelê. Eben

so hom.-mih. 24. vidimъ u. s. w. μείνωμεν τὰς ὠδῖνας τοῦ τάφου. hom.-mih. vidiimъ u. s. w.

XIII. 4. Wenn Šafařik, III. seite 173, Klemens für einen Bulgaren hält, so beruht diess auf einem missverständnisse der worte: οὕτω δὴ Βουλγάρω γλώσσῃ πρῶτος ἐπίσκοπος ὁ Κλήμης καθίσταται Vita S. Clementis seite 26. Klemens wird den des slavischen unkundigen Griechen und Lateinern entgegengesetzt. Dass der biograph das pannonische slovenisch des Klemens seiner muttersprache gleichstellt, befremdet denjenigen nicht, der da weiss, über wie bedeutende unterschiede verwandter sprachen man sich oft hinwegsetzt. Dass Klemens mit Cyrillus bei den Chazaren gewesen sei, lässt sich durch nichts beweisen.

XXXIII. 5. Imperfectformen wie pletćašete behandelt Šafařik III. seite 601—604.

22. 18. Für vъsakoj gegen vъsakъi spricht die bedeutung, etwa παντοῖος; ferners nsl. vsakojaki allerlei und serb. svakoji adj. svakojak neben svakak adv., wo a aus oja hervorgegangen. Böten die quellen etwa den sing. instr. m. n. vъsakъimъ oder vъsakoimъ, so wäre jeder zweifel behoben. 24. 27. fem.: si: fem. si.

Litteratur.

Ant. Antiochi pandectes. Vergl. Lexicon palaeoslovenico-graeca latinum V. anth. ant.-hom. Vergl. Lexicon V. apost.-ochrid. Apostolъ (Lectionen) aus Ochrida. I. I. Sreznevskij, Drevnie slavjanskie pamjatniki jusovago pisьma. Einleitung 75 und 269. 306. 316. 326. assem. Vergl. einl. XIV. Bez-sonovъ, P., Kalêki perechožije. Moskva. 1864. bon. Vergl. einl. XXII. cloz I. II. Vergl. einl. XIII. crell. Postilla slovenska. Ratisbonae 1567. V. Ljublani 1578. ev.-tur. Vergl. einl. XXVIII. fris. Monumenta frisingensia. Vergl. Lexicon X. greg.-lab. Leontius, Vita S. Gregorii. Vergl. Lex. XIII. sub. Leont. hom.-mih. Homiliae. Vergl. Lexicon XI. hvalь. Vergl. einl. XXVII. ippol. Slovo svjatago Ippolita obъ antichristě. K. Nevostrueva. Moskva. 1868. izv. Izvěstija. Vergl. Lexicon XII. krmč.-mih. Vergl. einl. XXVI. Květ. F. B., Staročeská mluvnice. V Praze. 1860. lam. V. Lamanskij, O někotorychъ slavjanskichъ rukopisjachъ. S. Peterburgъ I. 1864. luč. II. Lučić, Skladanja. U Zagrebu. 1847. meth. Vita S. Methodii. Vergl. Lexicon XIV. mladěn. Vergl. einl. XXVI. naz. Vergl. einl. XXVIII. nicol. Vergl. einl. XXVII. op. Opisanie slavjanskichъ rukopisej. Vergl. Lexicon XV. ostrom. Vergl. einl. XXVIII. pat. Patericum. Vergl. Lexicon XVII. pat.-mih. Patericum. Vergl. Lexicon XVII. pent.-mih. Pentateuchus. Vergl. Lexicon XVII. prol.-rad. Prologus. Vergl. Lexicon XVIII. prol.-vuk. Prologus. Vergl. Lexicon XVIII. psalt.-saec. XII. Psalt.-pog. Vergl. Lexicon XVIII. psalt.-saec. XIV. Vergl. Vostokovъ, Grammatika 84. sabb.-vindob. Vita Sabbae. Vergl. Lexikon XIX. sav.-kn. Vergl. einl. XIV. sborn. 1073. Siehe svjat. slěpč. Vergl. einl. XXII. starine. Na svijet izdaje jugoslavenska akademija. U Zagrebu. 1869—1873. strum. Vergl. einl. XXIII. sup. Vergl. einl. XIV. svjat. Izbornikъ. Vergl. Lexicon XX. šiš. Vergl. einl. XXVI. tichonr. N. Tichonravovъ, Pamjatniki otrečennoj russkoj literatury. S. Peterburgъ. 1863. Vergl.-gramm. F. Miklosich, Vergleichende grammatik. Wien. 1852 bis 1874. Vostokovъ-gramm. A. Ch. Vostokovъ, Grammatika. S. Peterburgъ. 1863. Vostokovъ-lex. A. Ch. Vostokovъ, Slovarь. S. Peterburgъ. 1858—1861. zap. Zapiski imp. akademii naukъ. S. Peterburgъ. XXII. 1873. zlatostr. saec. XII. Zlatostruj. Vergl. Lexicon XXI. zof. Biblia krolowej Zofii. Wydana przez A. Maleckiego. Lwow. 1871. zogr. Vergl. einl. XIII. Zwahr, J. G., Niederlausitz-wendisch-deutsches handwörterbuch. Spremberg. 1847.

- x —